U0637049

谨以此书
致敬中国国货铅笔
九十华诞

祝贺中国第一铅笔有限公司成立 90 周年

铅笔世界：中国铅笔收藏与赏析

周跃明　著

上海文化出版社

序一

为时代留存一份珍贵记忆

吴少华

　　铅笔，一种情系我们每一个人的书写工具，当你识字启蒙之刻，也就是与它结缘之时。小小的铅笔伴随着我们每一个人的成长，见证了岁月的沧桑。今天，周跃明先生捧来了他的新著《铅笔世界 —— 中国铅笔收藏与赏析》，用翔实的史料与铅笔藏品，为我们的时代留存一份珍贵的记忆。

　　海派收藏源远流长，民国时期是个转折点，当时出现了一个叫钱化佛的人，他以书画著称，却以收藏留名。前几年，这位奇人在进贤路上的旧居被定为黄浦区文物保护单位。这位先贤开创了国民大众收藏的先例，收藏火花，亦即火柴盒贴，后来又专事烟标的搜集。有一次，他将自己收藏火花、烟标的本子，捧到大画家吴昌硕处显宝，想不到吴昌硕津津有味地看完后，为钱氏挥毫题签了"烟火联姻"四个字，为我们海派收藏留下了一段佳话。火柴盒是我们身边用完即弃的东西，是钱化佛发现了它的收藏价值，从此开启了我国火花收藏的历史，更使它成为名列邮票之后的大众收藏品。道理很简单，因为火花是历史文化的载体。火花如此，铅笔更如此，它承载着时代的风云变迁，这是我拜读了周跃明的新著后的感悟。

　　我与跃明认识的时间并不长，是去年首届收藏读书节的事。当时王剑先生的《笔缘 —— 古董钢笔收藏赏析》出版后，他找到了王剑，于是，我认识了这位铅笔收藏家。沪上收藏界拥有浩浩荡荡的收藏大军，但专注铅笔收藏的，周跃明先生是我认识的第一位也是唯一的一位铅笔收藏家。跃明很谦逊地称铅笔是小众的收藏品，虽说他已经默默无闻地耕耘了几十年，但并没有遇上几位同好，有时他感到寂寞，但绝不孤独。

周跃明走上铅笔收藏之路，是与自己的工作经历有关。他踏上社会的第一个工作单位就是中国铅笔二厂，并在此留下了十五载青春年华，冥冥之中注定了他与铅笔的奇缘。有段时间，成品车间的一条打印包装生产线神秘地封闭生产，后来才知道这是为北京定制的专供铅笔，由此引起了他对铅笔的好奇。非常有幸，他遇到了一位"贵人"——时任铅笔厂厂长的华传发，这位厂长是一位笔的收藏爱好者，因工作关系，跃明经常能欣赏到他的宝贝。后来，这位厂长获知周跃明也迷上了铅笔收藏，在退休后把毕生在制笔行业工作四十余年积攒起的各种钢笔、圆珠笔、铅笔全部赠送给他，并郑重其事地留下赠言："周跃明先生，你的铅笔收藏，为中国铅笔发展史，留存一份珍贵记忆。"

　　在此后几十年的收藏铅笔生涯中，周跃明始终将为中国铅笔留存一份珍贵记忆作为自己收藏的目标。在那漫长的寻笔路程中，这位笔痴几乎觅全了中国生产制造的各种铅笔，不论是中国铅笔厂、长城铅笔厂、上海铅笔厂，还是北平中国铅笔公司、华文铅笔厂，甚至大华铅笔厂的不同时期的产品。难能可贵的是，周跃明更重视对铅笔史料的搜集，例如铅笔的商标、包装、广告、登记证、股份证、档案资料，以及铅笔企业家的史料。今年是中国铅笔问世 90 周年，1935 年 10 月中国第一家国产铅笔厂——中国铅笔厂诞生于上海滩的斜徐路，这一家铅笔厂的出生证"登记凭单"，如今成为了周跃明藏品中的"镇馆之宝"。能收藏到这一份珍贵的资料，其中的甘苦是可想而知的。就这样，他的收藏精神感动了好多人，原中国铅笔一厂的桂炳春和徐鸣，不仅给予帮助，还借助中国制笔协会，找到了被毛泽东誉为"铅笔大王"吴羹梅的曾孙吴佳。2019 年 12 月，周跃明陪同吴佳重回其曾祖父创建的中国第一铅笔有限公司（原中国铅笔厂）参观访问，为中国铅笔制造史留下了一段佳话，也是这位收藏家为保存铅笔历史记忆的一次践行。

　　也许有人会说，铅笔收藏是小众。周跃明也有这种感受，与他联系的各地同好至今也仅仅二十多位。其实，在国际舞台上，铅笔收藏并不算小众。罗马尼亚有一位叫帕乌尔·雅尼茨基的教师，收藏了约两千支来自三十多个国家的铅笔。保加利亚一位法学家江柯夫，收藏了世界四十多个国家的两万八千多种铅笔，其中有一支捷克斯洛伐克"科希诺尔"公司的广告铅笔，长一米，削它得要动用车床。更有趣的是，在美国还有一个铅笔收藏家协会（APCS），它拥有一千多名会员，几乎遍布美国各州，他们经常举行各种聚会，交换藏品，还编印《铅笔收藏家》杂志。这个协会每年会到各地举办笔展，在吸引观众的同时，不少精到的收藏家，也成为了制笔行业的"智囊团"。由此可见，铅笔收藏具有国际性，并不孤独。

功夫不负有心人，数十年锲而不舍地追求与付出，如今，周跃明拥有 5000 余支（件）中国铅笔及相关藏品，他成为了海派收藏乃至中国收藏界的一位铅笔收藏家。今天，他的收藏研究结晶《铅笔世界 —— 中国铅笔收藏与赏析》一书即将付梓，这将是关于中国铅笔的第一本专著，周跃明实现了为中国铅笔发展史留存一份珍贵记忆的初衷。作为该书的第一位读者，我为他点个大大的赞！

　　谨此为序。

识于乙巳春分

（作者系上海市收藏协会创始会长）

序二

探索铅笔世界的奇妙旅程

胡书刚

　　在当今这个数字化浪潮汹涌澎湃的时代，电子设备的光芒几乎掩盖了一切传统工具的身影。我们在键盘上飞速敲击时，那些曾经陪伴我们世世代代的传统书写工具似乎渐渐被遗忘在时光的角落里。

　　谁能想到，一支普通的铅笔，竟有着这么奇妙的历史。周跃明先生的《铅笔世界》，就像一把神奇的钥匙，为我们打开了一扇通往被忽视却又充满惊喜的铅笔世界的大门。当你翻开它，你就会被一种无形的力量牵引，走进一个充满传奇和奋勇拼搏、自强不息的世界。

　　回溯铅笔的起源与发展，犹如展开一幅波澜壮阔的历史画卷。从最初石墨被偶然发现，开启了书写的新可能，直到现在琳琅满目的铅笔世界，人类对书写工具的探索从未停止。每次的改进与创新都是无数先驱者的智慧与汗水的结晶。铅笔正从简单的书写工具逐步演变成集实用与艺术为一体的文化象征。这不仅是技术的进步和革新，更是人类创造力蓬勃发展的生动见证。

　　这本书的独特魅力，还在于对中国铅笔行业深入而全面的探索。早期那些勇敢无畏的开拓者们，怀揣着对铅笔事业的热忱和执著，拼搏向上，求索前行。他们的名字或许并不为大众熟知，但他们的贡献却如同基石，奠定了中国铅笔的坚实基础。书中提到的铅笔品牌都赋有独特的精神内涵和价值追求，它们见证了时代的变迁，也成为民族工业发展鲜活的印记，十分珍贵和难得。

　　《铅笔世界》还穿插着许多妙趣横生的创业故事和鲜为人知的名人轶事，读来让人忍俊不禁又深受启发。原来，在艺术创作的神圣殿堂里，铅笔是艺术家们灵感的忠实伴侣，描绘世间万象；在严谨的科学研究领域，铅笔记录下一个个伟大的发现与突破；在日常生活中，铅笔默默地陪伴着人们，见证着世界的喜怒哀乐，描绘出真实的人间冷暖。

　　周跃明先生凭借着扎实的研究、独特的眼光、细腻的笔触和对铅笔的深厚热爱，为我们展现了不平凡的铅笔世界。这不仅仅是一部关于铅笔的传记，更是对民族工业发展和传统书写文化的深情致敬。无论你是文具的爱好者、历史迷，还是渴望寻找文化根源的人，这本书都不容错过。它会唤起你对书写的热爱，让被遗忘的美好重焕光彩。

（作者系中国制笔协会铅笔专委会名誉主任）

目录

早期铅笔行业发展中的重要人物

铅笔的主要分类

中国铅笔经典品牌赏析

中国铅笔的品牌文化赏析

我与铅笔收藏

其他

前言

　　一支小小的铅笔自诞生以来承载了我们每个人学生时代的满满回忆，是跨越几代人的"人生第一笔"。在我们的成长过程中，无论是学习，还是工作，甚至生活中，它都扮演着不可或缺的角色。

　　铅笔不仅是书写和绘画的工具，能将知识和文化的传播变得畅通无阻，更是历史进程的记录者，是文明进步的见证者。

　　作为一种书写工具，铅笔的魅力在于它能创造无限的可能性，无数的思想火花与创意萌芽始于笔端。笔是我们情感的寄托，它让我们的思维得以延续，让梦想借助书写而得以实现。我们珍惜身边这一简单但不可或缺的书写工具，感受它带给我们的独特魅力和美好体验。

　　我是一名刚退休的六零后，曾作为工会工作者，在上海工会系统工作了近三十年，从工会系统管理岗位上退休，进入人生新阶段。

　　我另外一个身份是古董铅笔收藏者，目前是上海市收藏协会会员、上海市钱币学会会员。天缘奇遇，我踏上社会的第一份工作是在上海的中国铅笔二厂。因兴趣使然和工作便利，机缘巧合让我走上了铅笔收藏之路，我的铅笔收藏已持续三十余年。起初仅仅是对自家厂生产的铅笔产品进行留样收集，之后逐渐扩展到其他各种铅笔和相关衍生品的收藏。在收藏的同时，更注重对中国铅笔发展历史沿革中的史料与实物的收集、挖掘、整理及研究，颇有心得。

　　经过较系统的收集和整理，我的铅笔收藏初具规模，目前有 5000 余支（件）铅笔类藏品。我藏有 1935 年 10 月中国第一家自主生产国货铅笔的工厂登记凭单等系列珍品，随之萌生了想从收藏与赏析的角度，以图文并茂的形式，写一本反映中国铅笔发展历史的书籍。常言道"独乐乐不如众乐乐"，我希望把自己的铅笔收藏品与收藏心得，与读者分享，从而唤起人们对铅笔，这一从孩提时代即陪伴我们成长的书写工具的关注和欣赏。

2024年夏，我的好友 —— 古董钢笔收藏家王剑先生新书《笔缘 —— 古董钢笔收藏赏析》首发，举行了多场读书分享会和形式多样的互动活动，取得了圆满的成功，我很是羡慕。临近退休，写作出书的想法，在我的脑海中愈发变得强烈。经王剑先生热心推荐，后来又得到上海市收藏协会创始会长吴少华和上海文化出版社审读室主任吴志刚的热情鼓励和点拨，更坚定了我著书的勇气和信心。

作为一名收藏者，不仅仅是为藏而收，更要把研究与展示、教学与传承有机结合，以此提升收藏的品味与影响，充分展示中国铅笔的魅力和风采。期待能让更多的人了解铅笔、喜欢铅笔、收藏铅笔，读懂铅笔背后的历史风云，这也是笔者撰写此书的初心和企盼。

铅笔的
起源与演变

铅笔的起源
铅笔在世界各地发展与传播

铅笔的起源

约在 2000 多年前，古罗马人发现铅块可在平面上划出黑痕，有人就用铅块制成类似笔的铅棒，一端磨成锥形，利用铅与其他物体摩擦而留下铅的痕迹，在莎草纸、羊皮纸上作标记，成为名副其实的"铅笔"。古罗马的记录官，就用铅制的金属棒作为书写工具，被称为"stylus"，用铅或铅锡棒这种工具写字，与其说是在写字还不如说是在刻字。

公元1564年，在英格兰一个叫坎伯兰郡（Cumberland）的博罗代尔（Borrowdale）矿区，发现了一种黑色矿物——石墨，它黑色光滑的特性被人们用来作标记或写字。由于石墨的外观有些像铅，又更容易像铅一样在纸上留下痕迹，其痕迹比铅的痕迹要黑得多，人们将石墨误以为是铅的一种，因此，称石墨为"黑铅"（plumbago）。它使写字工具发生了一场革命。那时博罗代尔矿区一带的牧羊人常从石墨矿中挑选石墨薄片，在羊身上画上记号或画线。受此启发，人们又将石墨块切割成小条，运往伦敦出售，供商人们在货篮和货箱上作标记，也称为"标记石"。

石墨块

康拉德·格斯纳肖像

这支木匠用的铅笔是已知现存最古老的铅笔，被发现于德国一所17世纪的房子屋顶

用石墨条写字，既会弄脏手，又容易折断。人们开始绞尽脑汁，运用各种方法来固定石墨块，以方便书写或绘画。为了避免石墨弄脏手，有人便用羊皮裹着石墨块将就着用。至于那些原本就呈笔状或是豆荚状的石墨块，拿纸一卷或用线头一缠便能派上用场了。而呈细杆状的石墨块，则可以插入中空的小树枝或是芦苇杆中当笔来用。也有人将短小的石墨块塞进麦秆里，外面用线缠绕，等石墨用到一定程度时，便将外面的"包装"撕去一些，再继续使用。此外，还有人用藤蔓茎绕在黑铅外以便书写。这些做法一直到20世纪，在英格兰坎伯兰和达勒姆郡的部分地区，仍有人称铅笔为"藤蔓"。

后来人们发现，用两块木片把切成条状的石墨夹住，再用绳子裹住绑紧木片来写字更便利。1565年，博物学家瑞士裔德国人康拉德·格斯纳（Conrad Gesner）可算是用石墨笔记录和描述写字的第一人。他在一本谈化石的《关于化石、宝石、石头、金属等一切物质及相关书籍》中有个图解，绘制的并不是化石，而是"一种新式的书写工具"，在旁对照的则是用以制造笔芯的矿物，并记载有"为了制图和笔记，人们用铅及其他混合物制成笔芯，然后附上木制的把柄，进行划线……"的文字。因此，也有人说，铅笔是由格斯纳发明的。

16世纪末，英国手工匠人开始在英格兰坎伯兰郡附近，一个叫凯西克（Keswick）小镇的地方聚集，集中手工制作以石墨为笔芯的原始铅笔，逐渐发展成世界手工制造铅

笔中心。与此同时，在 1662 年，德国第一
个从事铅笔制作的工匠弗里德里希·施德楼
（Friedrich Staedtler）也在德国纽伦堡市成
立手工铅笔作坊，从事原始铅笔的制作。

到了 1761 年，德国早期铅笔制造者卡
斯特·辉柏（Kaspar Faber），在巴伐利亚
州纽伦堡市郊的斯坦恩（Stein）小镇，利用
巴伐利亚和波希米亚地区产的石墨开始制造
铅笔，建立起世界上第一家小型铅笔厂。由
于巴伐利亚和波希米亚地区产的石墨品质比
不上博罗代尔矿区的纯石墨，他便将石墨研
磨成粉，在石墨粉中掺入硫磺、锑、松香等
作黏结剂混合，再将这种混合物加热凝固，
压制成棒条的形状，这比纯石墨条的韧性大
得多，后来又采用木杆夹制，这样也不易弄
脏手，较为坚硬、方便书写，这就是石墨铅
笔最早的雏形。这样的尝试为后来人们以石
墨为基础，对铅笔进行改良，提供了新的思
路。因此，事实上，纽伦堡也成为了第一批
开始规模生产铅笔的集聚地。

经过一段时间的发展，一直持续到 18
世纪中叶，在英国和德国出现的这种以半手
工制作、半简单机械从事原始铅笔的生产，
在世界上占据了铅笔制造的领先地位，并开
始向其他国家输出。

格斯纳所著《谈化石》中首幅铅笔图解

铅笔在世界各地的发展与传播

铅笔制造工艺的重大创新

自 1564 年在英格兰坎伯兰的博罗代尔矿场首次发现石墨以来，经过近 200 年的缓慢发展，基本形成了石墨铅笔的雏形。到了 18 世纪中叶，从英国爆发的工业革命开始，一系列工业发明创造和技术革新进步，深刻影响到整个欧洲大陆，乃至世界的发展进程，对铅笔制造技术的变革和发展，带来了新的机遇。

由于英格兰坎伯兰的博罗代尔矿场开采的石墨纯度高、品质好，广受市场欢迎，很快因采掘过量接近枯竭，要想找到同样纯度高的石墨矿不太容易，于是人们不得不开始探索研究用人工方法提取、加工石墨。

18 世纪末，由于拿破仑在欧洲发动战争，英、德两国切断了对法国的铅笔出口。法国人开始独立研究并创新了铅芯制造工艺。1790—1793 年间，受法国皇帝拿破仑之命，法国科学家 N.J. 康德（Nicolas-Jacques Conté）开始就地取材，研制本国铅芯。虽然在法国境内找到了新石墨矿，但法国的石墨矿品质差，于是他想出了先把碎块的石墨磨成粉末，再用水淘洗石墨粉的办法，使石墨纯度大大提高。到了 1795 年，康德进一步试验，用黏土代替硫磺掺入石墨粉混合，趁混合物尚未凝固时，制成棍棒状，再放入窑里焙烧。通过改变混合比例，使得铅笔的硬度和颜色深浅可以自由地调节，制出的笔芯比原先的还要坚实耐磨。而且这种方法适用于任何纯度不一的石墨矿，使铅芯原料来源的限制被突破，成为了烧制不同硬

N.J. 康特肖像

度铅芯的重要工艺。康德用松木作笔杆裹住笔芯制成铅笔，为此在 1795 年申请了专利，并建立康德铅笔厂，康德的这一项专利被称为"康德制造法"。这一铅芯制造传统工艺一直沿用至今。

美国独立战争爆发后，从英国和德国进口铅笔的途径中断，美国也开始自行研究并制造铅笔。1812 年，美国木匠威廉·门罗（William Munroe）创制了新的铅笔木杆。他制造出一种可以切割成大约 6.7 英寸（约 17 厘米）长的木板条的机器，每块木板条都由机器从头至尾冲出刚好适合铅笔芯的凹槽，将铅笔芯放入槽内，再把两条木条对紧、粘合，这就制成了第一支现代意义上的铅笔杆。这一简单却又革命性的设计开启了批量制造铅笔木杆的新篇章。

N.J.康德发明的铅芯制造方法和威廉·门罗设计创制的全新铅笔木杆，是对铅笔制造工艺的重大创新，由此奠定了现代铅笔制造的基础，为之后机械化大规模生产铅笔奠定了基础。

在欧洲市场的发展与传播

康德制造法推出后，欧洲其他国家如英国、德国、奥地利、俄国、意大利等，运用这种铅笔制造方法，相继出现了一些铅笔制造厂。

1774 年，坐落在英格兰西北部的湖区威斯维克小镇上的梅得尔敦铅笔厂（Middleton's）诞生，它是世界上最早的铅笔厂之一，至今已有 250 多年的历史。1851 年，英国的人口普查报告显示，英国本土以及附属岛屿上的铅笔制造商有 319 家之多。其中部分聚集在伦敦，而更多的则集中在一个叫"凯西克"的小地方。长期以来，这个位于坎伯兰博罗代尔石墨矿区的小城镇，逐渐发展成家庭式铅笔制造中心。班克斯父子公司（Banks，Son & Co）在 1832 年建立的铅笔厂就是其中之一。目前，在凯西克小镇旧铅笔厂旁边还建有坎伯兰铅笔博物馆。

现代铅笔发明的另一种说法，是奥地利人约瑟夫·哈特穆特（Joseph Hardtmuth）发明了铅笔。他于 1752 年 2 月出生，当时写字用的笔质量低劣，于是他决心发明一种新笔。后来他想到了一个主意：将黏土与石墨粉混合在一起，做成笔芯形状，在火里烧制，这样在纸上也能画出痕迹。他在石墨粉中加入适当比例的黏土，使铅笔芯有一定的硬度。1792 年，他在维也纳成立了自己的酷喜乐铅笔厂（Koh-I-Noor pencil Company），到 1848 年，他将总部和生产设备转移到捷克的杰维契（Budejovice）；1894 年 12 月正式在捷克注册"酷喜乐"（KOH-I-NOOR）商标；1919 年在美国设立分公司，直到今天仍在运营。

当时的德国政府对发展铅笔工业极为重视，积极把先进的铅笔生产技术引进国内，使德国的铅笔工业得以较快地发展起来。此后德国逐渐成为世界上铅笔制造工业最发达的国家之一。

1801 年，德国出现世界上最早的机械化生产铅笔厂。至 19 世纪末，德国的铅笔制造厂多达 26 家，雇用员工超过 5000 人，至于铅笔的年产量，高达 2.5 亿支。进入 20 世纪，德国的铅笔工业一直居世界领先地位，在德国的纽伦堡诞生的施德楼（Staedtler）、辉柏嘉（Faber-Castell）等名牌铅笔产品至今驰名世界，其铅笔机械制造技术精良，产品遍布世界上许多国家。

俄国的第一家铅笔制造厂建立于 1848 年。"一战"爆发时，俄国共有四家铅笔厂（莫斯科、华沙、里加、维尔纳），铅笔产量较少，主要依赖从德国进口。1917 年十月革命胜利后，铅笔工业得到了长足的发展。1925 年左右，美国著名企业家阿曼德·哈默（Armand Hammer）在苏联最高领导人的邀请下，帮助苏联在莫斯科郊外建立了当时世界上最大的铅笔厂。1926 年，该厂铅笔年产量一度接近一亿支，彻底摆脱了德国企业控制苏俄铅笔行业的局面。1930 年，工厂被政府强行国有化，更名为"萨可与方齐迪铅笔工厂"（Sacco and Vanzetti Pencil Factory）。

1925 年美国著名企业家阿曼德·哈默
在苏联做的铅笔广告

铅笔世界：中国铅笔收藏与赏析

在美国市场的发展与传播

从 18 世纪末开始，欧洲的铅笔制造技术开始传入美国、加拿大等国，随着美国工业的快速发展，铅笔制造业也随之发展起来，并发展成为世界主要铅笔生产国之一。出现了像"维纳斯"、"蒙古"等世界著名的铅笔品牌。

1812 年，美国一个名叫门罗的木匠家具制造商，他摸清了法国人康德制造铅笔芯的诀窍，并利用自己独创的将铅笔芯嵌入凹槽木板制成铅笔木杆的方法，做成了 30 支左右的铅笔，这便是美国有史以来第一批自制的铅笔。当然，质量只能说是差强人意，他后来成立美国门罗公司制造铅笔。

1821 年，美国人老梭罗的连襟查尔斯·邓巴尔（Charles Dunbar）在新英格兰，无意间发现了新石墨矿。不久，查尔斯·邓巴尔在新罕布什尔州的布里斯托又发现了品质优良石墨矿。于是他下决心从事铅笔制造业。查尔斯·邓巴尔与斯托（Dunbar & Stow）成立专门开采石墨矿并制造铅笔的公司。到 1823 年，老梭罗加入公司并成为唯一的股东，于是他便将公司名称改为约翰·梭罗公司（J.Thorough & Company），专门制造铅笔。老梭罗改良了铅笔芯配方，通过调整黏土和石墨的比例，制造出软硬程度不同的笔芯，1823 年，老梭罗去世，梭罗继承父业，选用美国东部红雪松作为铅笔板材，其打出的广告标榜自己生产的铅笔是"美国工业、

美国蒙古牌铅笔广告

美国原料、美国资金、美国智慧、美国劳工以及美国机器"。

19世纪中叶，那时的美国铅笔市场，几乎全被德国制造商所垄断。1843年，德国的A.W.辉柏公司指定纽约市的J.G.李连道尔（J.G.R.Lilliendahl）担任美国地区的独家代理商。这也是德国铅笔制造商首次在美国设立永久据点，当时的铅笔制造业竞争之激烈可见一斑。美国的铅笔制造中心，开始由波士顿转移至纽约市及其近郊。

19世纪70年代，随着美国经济的快速发展，美国市场对铅笔的需求量急增。当时的年消耗量，估计超过两千万支。由于美国自内战爆发后，对舶来品铅笔课以重税，唯有最高级的外国铅笔才"值得"进口，因此，低价铅笔市场几乎全为美国厂商所把持。1914年，"一战"爆发前，美国艾伯哈德·辉柏公司、约瑟夫·狄克逊公司、美国铅笔公司、鹰牌铅笔公司等四大铅笔公司控制了高达九成的本土铅笔市场。

1. 美国艾伯哈德·辉柏公司

美国最古老的文具制造商之一，辉柏公司创始人约翰·艾伯哈德·辉柏（Jonh Eberhard Faber），1822年生于德国斯坦恩，他和兄长罗塞尔接手了家族的铅笔企业。1849年，约翰·艾伯哈德·辉柏远渡重洋到达美国，担任A.W.Faber公司在美国办事处的代表，在与美国人打交道过程中被这块新大陆深深吸引，1872年欧洲厂房的一场大火成为促动他们"铅笔移民"的契机。"二战"后，德国的A.W.辉柏铅笔公司持有美国的A.W.辉柏公司股份。进入20世纪，铅笔品种更以让人眼花缭乱的方式推陈出新。1906年，A.W.辉柏美国公司推出了一系列高品质的名为"卡思泰尔"绿色绘图铅笔，具有比西伯利亚石墨还纯的笔芯。

2. 约瑟夫·狄克逊公司

19世纪20年代，部分波士顿文具商，除了出售英国铅笔外，还会卖些美国铅笔。来自马萨诸塞州的约瑟夫·狄克逊（Joseph Dixon），在1827年创立约瑟夫·狄克逊坩埚公司（Joseph Dixon Crucibie Company），一边制造坩埚，一边生产铅笔。但其制造的铅笔比较粗糙，由于铅笔笔芯原料中含有杂质，制造出的铅笔并不受当地零售商欢迎。1878年，约瑟夫·狄克逊的女婿欧瑞斯提兹·柯里夫兰（Orestes Cleveland）接任公司总裁。他大量采用机器化制造，由于品质完美、划一，才逐渐消除了美国铅笔没好货的观念。他注册的"宝山"（Eldorado）铅笔成为美国高级铅笔的代表，其推出的黄色狄克逊 - 提康德罗铅笔，至今仍是美国最著名的2号铅笔。这是美国国内第一家量产铅笔的企业。

1861年Eberhard在纽约布鲁克林区开设全美第一家大规模铅笔制造厂

3. 美国铅笔公司

爱德华·韦森伯恩（Edward Weissenborn）在1905年创立了美国铅笔公司（American Lead Pencil Company），1905年推出著名品牌"维纳斯"（VENUS）的17种等级的素描铅笔，并在美国以外设立分公司及制造厂，产品大量销往亚洲地区。1956年，美国铅笔公司（American Lead Pencil Company）更名为维纳斯钢笔与铅笔公司（Venus Pen & Pencil Company），不久，又将总公司从霍博肯迁移到纽约。1966年，公司再度易主，被一群私人投资者收购。1967年，维纳斯公司并购了一家钢笔公司后，更名为维纳斯 - 艾斯特鲁克公司（Venus Esterbrook Inc），同时关闭了在新泽西州的厂房，向南转移至田纳西，扎根在木材资源较丰富的地区。1973年被辉柏嘉公司收购。

4. 鹰牌铅笔公司

19世纪中叶，贝洛兹海米尔（Berolzeimer）、伊儿费德（Ifelder）、瑞肯多夫（Reckendorfer）三位合伙人创办了鹰牌铅笔公司。1861年，丹尼尔·贝洛兹海米尔（Daniel Berolzeimer）的儿子亨利继承父业，接管公司。1877年，鹰牌铅笔公司开始在产品上印制浮雕的美国老鹰像（图），还生产"天皇"（Mikado）、"美拉度"（Mirado）

美国鹰牌铅笔公司 MIRADO174 铅笔

品牌铅笔。由于大量生产经销廉价铅笔，到 20 世纪 20 年代，公司便自称为"美国最大的铅笔制造厂"。1988 年，被一家纽约投资公司收购。

另外，1889 年成立的美国通用铅笔公司（General Pencil Company），已经是传承了六代的家族企业，位于新泽西州泽西城，是美国目前仅存不多的铅笔制造商之一。

到了 19 世纪末，美国在铅笔制造技术方面的成就，已远远超过欧洲。

在日本市场的发展与传播

日本在明治维新时期，开始大量学习西方的科学技术。1878 年，日本人真崎仁六出席巴黎国际博览会，参观了欧洲铅笔展，并在法国学习了康德制造铅笔法，及其他欧洲的铅笔制造技术。回国经过吸收消化之后，于 1887 年在东京创办了规模较小的真崎铅笔制造所。1925 年，真崎铅笔制造所与大和铅笔制造所合并成立真崎大和铅笔株式会社（现在的三菱铅笔株式会社的前身），开始制造"木笔"。1884 年成立的蜻蜓社，经过不断继承和发展，也在 1913 年成立蜻蜓铅笔公司。之后，地球（Globe）、月星（后改为北星）、柯林（Colleen）、快艇（Yacht）、博士（Doctor）等各种品牌铅笔制作社相继成立。

到"一战"结束时的 1918 年，日本的铅笔生产随着机械化程度的提高而迅速发展，厂家已达 117 家，仅东京就有 80 家。

早期日本三菱铅笔广告

并且产量激增，从 1910 年开始的十年间，生产的铅笔将近 15 亿支，光是在 1918 年，日本出口的铅笔，差不多就有 2 亿支，产品质量也随着技术进步而显著提高。日本生产的铅笔大量销往中国、印度及东南亚各国，成为仅次于美国的第二大铅笔生产大国。

铅笔制造进程中的几项重大变革

1. 木杆铅笔杆形状的变化

圆杆铅笔，使用者最普遍，使用历史最悠久。其优点是生产制造较简便，对艺术家、工程师和绘图员等使用者来说，长时间使用圆杆铅笔，手感会比较舒适；圆杆铅笔在亚洲等书写汉字地区较流行，汉字是需要转着写的，这样书写汉字效果最好；另外，对喜欢旋转铅笔的使用者来说，玩起来更嗨、更流畅。

六角杆铅笔，是由辉柏家族第四代掌门人罗赛尔·辉柏（Lother Faber）首创。他创造性地将铅笔外型，从传统的圆杆改良为六角杆，使得铅笔在桌面上更稳定，不容易滚落。这种铅笔不仅防滑易握，还能随心所欲地转动。这种设计使得转动角度更加细腻，即使在笔画变粗后继续书写，字迹也能保持相对均衡，没有明显的粗细变化，非常适合长时间地书写作业。生产厂商大多喜欢制造六角杆铅笔，其原因在于：同样宽度的木板，六角杆铅笔可以生产 9 支，而圆杆铅笔仅能生产 8 支，可节省木材。

三角杆铅笔，设计独具匠心，是按照一般人用大拇指、食指和中指握笔的方式来进行设计，符合人体工程学的原理，在欧美国家较流行。这种设计旨在矫正孩子的握笔姿势，其笔杆相对较粗，便于孩子抓握，从而减轻书写时的负担，非常适合刚开始学习写字的孩子。三角杆铅笔的优点，首先就是方便握持，一拿就准；其次就是欧美书写的主要是字母，不需要很尖，甚至不需要写久了把铅笔换一个角度，但三角杆铅笔制造起来比较耗材。

椭圆杆铅笔，出现在 19 世纪末或 20 世纪初，木工用的铅笔一般都做成较扁的粗壮结实的椭圆柱形，用完放下后既不会持续滚动，也不会因运动受限而跳动，而是翻滚两下或晃动几下就停止。而且木工铅笔大多做成鲜艳的红色，这是为了下次再用的时候，能够很容易找到。

此外，还出现了四方杆、八角杆、短杆、细杆、麻杆等各种形状的铅笔。

顺带说一句，一支标准的铅笔木杆长度通常设定为 178mm 左右，这是因为这一长度正好是一个成人男性的中指到手掌的长度。

2. 石墨铅芯形状的变化

最初的铅笔芯是方形铅芯，为此，在 19 世纪末，辉柏公司还专门把方形铅芯作为铅笔的注册商标的一部分。但方形铅芯对采用大规模的机器削铅笔工艺带来麻烦，必须加以改进。美国的梭罗先生进行了创新，改变为圆形铅芯，先把木板挖出半圆形凹槽，然后把铅芯轻易嵌入笔杆，控制好凹槽深度，再复合另一半凹槽木板，这样更容易削尖铅芯。

3. 铅笔外观颜色

现代铅笔制造初期，基本保留原色或上亮光漆，用上好木料制成的高级铅笔，则始终"不改本色"，至多把表面磨光就算完工了。1866 年，英国坎伯兰铅笔制造商坦言，为铅笔上漆没有必要，虽然能让铅笔外表变得更好看，却绝对无法改变铅笔的功能。事实证明，最好的铅笔是从不上漆的。

19 世纪后期，英格兰凯西克的铅笔制造商们，最初是因为试图掩饰部分杉木笔杆上的瑕疵，通常都会漆上较深的颜色，诸如黑色、红色、栗色或紫色。但把铅笔笔杆漆成黄色后，没想到的是，黄色竟成了高品质铅笔的象征。事实上，深色铅笔漆要比浅色铅笔漆更难做。

流传这样一则小故事，据说有位铅笔制造商曾在某公司做过一项实验：他拿了一堆完全相同的铅笔，把其中的一半漆成黄色，另一半则漆成绿色。接着，由公司把这些铅笔发给员工，拿到绿色铅笔的员工，不久便开始抱怨，说绿色铅笔品质低劣，笔芯容易断裂，不但难削，还没黄色铅笔好写。显然，黄色铅笔在书写者心目中，不仅使人心情愉悦，也成了高品质铅笔的象征。

4. 配套橡皮擦

在发明橡皮擦之前，人们如何来擦掉铅笔的字迹呢？文艺复兴时期的代表人物达·芬奇告诉我们，他用的就是平时吃的面包。1770 年，英国科学家约瑟夫·普里斯特利（Joseph Priestley）首次记录能擦掉铅笔字迹的一种橡胶制品，并将其命名为"橡皮"。

铅笔世界：中国铅笔收藏与赏析

部分橡皮擦式样

1858 年，美国一名叫海曼·李普门（Hyman Lipman）的费城画家，他把橡皮条切得很小，把橡皮当成一个小帽子放在铅笔的尾部，从罐头上剪下一小块薄铁皮，将铅笔和橡皮合二为一包裹起来，于是今天所用带橡皮头的铅笔就此诞生。海曼向亲戚借来几十美元到专利局申请了专利，后又被雷巴铅笔公司（RABAR）购买了这项专利。然而，这种附有橡皮擦的铅笔，却曾经闹出了笑话，后来被判定为"只是把两项已有的东西拼在一起而不是新产品"，专利因此被取消。

5．活动铅笔

活动铅笔，又称自动铅笔或机械铅笔，是用机械结构夹住铅芯进行书写的铅笔。据传在 1822 年，欧洲人摩尔顿（Mordan）和霍金斯（Hawkins）发明了活动铅笔。彼时由于活动铅笔结构尚不完善，自动铅笔在欧洲是以手工艺银器奢侈品的面目出现。19 世纪末期活动铅笔在德国开始商品化生产，但铅芯仍需人工削尖，产量有限。1903 年，日本开始使用机械制造活动铅笔，芯径较粗，其结构简单，均为旋转式。

1915 年，日本人早川德次与美国的查尔斯·基兰（Charles R. Keeran）在同期开发出了第一支细铅芯旋转式活动铅笔，使得活动铅笔成为一种成熟的书写工具。1938 年，美国派克公司首次推出 0.9mm 笔芯自动铅笔，铅芯无须人工削尖，将自动铅笔带入"细铅时代"。

1965 年，日本派罗德自来水笔株式会社首次生产出脉动式细芯活动铅笔。同年，派罗德还推出了采用合成树脂取代黏土的活动铅笔芯，有效地提高了铅芯的强度，为活动铅笔笔芯的进一步细化和各种铅芯制造机械的蓬勃发展奠定了基础，极大地加快了产品和技术的迭代。

20 世纪 70 年代又相继开发出了二次揿动式、双卡揿动式和甩打揿动式结构铅芯的活动铅笔。1979 年，德国 Kasper Faber 铅笔厂推出了自动出芯式活动铅笔。

现代铅笔诞生于 1793 年，经过二百多年的演变、发展，它作为一种重要的书写和绘画工具，在学习、办公、工程制图、美术、绘画等各方面，正日益发挥着不可替代的作用。

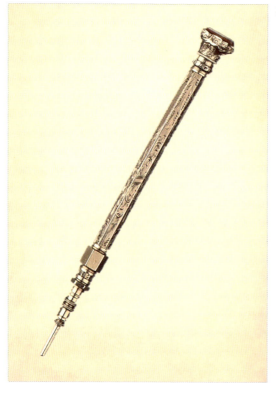

英国维多利亚时期 K 全雕花伸缩活动铅笔

中国铅笔的
起步与成长

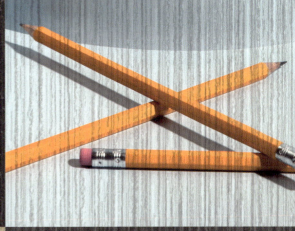

中国铅笔行业的诞生与沿革
具有代表性的铅笔厂家
大华铅笔厂
中国铅笔厂
长城铅笔厂
上海铅笔厂

中国铅笔行业的诞生与沿革

中国传统的书写工具

工欲善其事，必先利其器。想识文断字，非得用笔。在自来水笔、铅笔等各种新兴书写工具进入中国以前，毛笔一直是我国民众的主要书写工具。

据史书记载，在秦统一之前，对书写工具的称呼是不一致的。直到秦统一六国后，才命名为"筆"。按"筆"字拆成"聿"和"竹"组合来看，可以看出开始是用于竹简上写字或以"竹"为管。在湖南长沙左家公山出土的一座战国时期的楚墓中，发现了一支小毛笔，笔杆为圆竹条，一端用上等的兔剪毛包扎在圆竹条的外面，缠以麻丝再用漆封固，称为战国笔或楚笔。毛笔发明已有 2400 多年的历史。

中国制笔工业起源于传统的毛笔。元、明以后，主要产地集中在浙江、湖南、山东和安徽等地。浙江毛笔产地主要在湖州南浔善琏镇，被称为"湖笔"；湖南湘阳长康镇所产毛笔被称为"湘笔"；山东广饶大王镇所产毛笔被称为"齐笔"；此外，"宣笔"产于安徽宣城泾县。上述地区所产毛笔，不仅在国内享有盛名，还远销海外，成为中国传统文化的重要标签。

19 世纪末，自来水笔、铅笔等作为新兴书写工具开始输入我国，由于使用方便，减去了拂砚伸纸、磨墨挥毫、字写不快的麻烦，毛笔逐渐衰落。到 1930 年左右，已有难乎为继之势，日常书写就被这种新兴的书写工具逐渐代替。但毛笔作为中国传统的书写工具，仍得到研究中国书法、绘画艺术的人士所喜爱。当时也有人，如著名学者章太炎先生等呼吁抵制使用新兴书写工具，但时代潮流滚滚向前，从这个时期起，我国的制笔工业就随着社会的进步，进入了一个全新的发展时期。

中国铅笔诞生及历史背景

1. 诞生的历史背景

现代铅笔生产始于 18 世纪的欧洲，由于携带和使用方便，很快在其他地区得以推广。"笔"类商品从国外输入我国，是随着清末"废科举、兴学堂"维新运动而来的。铅笔一类舶来文具大约于 19 世纪末进入我国，大多为外国商人、华侨、留学生及外国传教士等随身带入。作为商品在市场出售，最初仅见之于沿海口岸，如在上海、天津、广州等地的外国商人所设的西式书店中出售。其中数德国铅笔输入最早、最多。行销我国的德货铅笔，称为"Bleistift"，就是铅笔的意思，所以中国出现铅笔这个名称，最早是从德语翻译而来的。"三堡垒"牌（THREE CASTLE）和"公鸡"牌（COCK）铅笔在 19 世纪末即已风行全国各地。然后日本铅笔和美国铅笔也相继进入我国，至 1925 年前后，日本铅笔输入数量超过德国铅笔跃居首位。

当时，德货有"施德楼"（STAEDTLER）、"天平"（BALANCE）、"鳄鱼"（ALLIGATOR）、"月亮"（MOON）、"鹅"（SWAN）、"鸽牌"（DOVE)、"钟牌"、"德兴"、"金龙"等不下数十种品牌；日货有"三菱""新鸡""帆船""地球""博士"等品牌；美货则有"维纳斯"（VENUS）"鹰"（MIRADO）"星"（THE STAR）"蒙古"（MONGOL）、"将军"（GENERAL）等品牌。从输入品牌之多来看，当时外货铅笔已在中国风行。

同时期，外商开始经营笔类商品进口业务的，早期有美商"别发洋行"，日商"广贯堂""掘井誊写堂"和德商"鲁麟洋行""美最时洋行"等。后期有美商"怡昌洋行""密勒洋行"和日商"大正""大井""江南""哈德"等洋行。

我国商业资本中，最早经营国外文化用品销售业务的，应该是 1901 年创设在上海的"上海科学仪器馆"。1903 年商务印书馆设立文具业务部以后，也经营进口文化用品。在 1925 年前后，上海各大文具商和中华书局、世界书局以及著名的先施、永安、新新等百货公司也设柜经销。铅笔因属于低价商品，除文具店外，很多烟纸、什货店都有出售。除上海一地外，全国大、中城市也都通过沿海口岸，批发铅笔等洋货文具在各地销售。据海关旧档案资料显示，从上海一地可查的铅笔进口金额，在 1925 年前后每年进口约合 50 万关银单位，逐步上升至 1930 年前后接近 100 万关银单位。由于旧中国海关不能自主，走私进口远远超过此数字。

洋货文具源源输入，一方面说明外来资本对中国经济渗透的加深；另一方面也反映民众对书写工具提出了新期望，市场对这类文具有客观上的需求。这就形成了我国制笔工业诞生的历史条件。

部分输华的德国铅笔

部分输华的日本铅笔

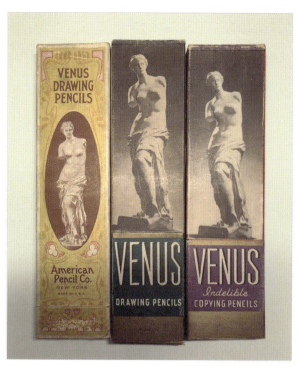

部分输华的美国铅笔

上海科学仪器馆广告

商务印书馆总发行所

2. 中国铅笔诞生的萌芽

一位经营文具业的老板在《中国新闻报·本埠附刊》上感叹：偌大的中国做不出铅笔，铅笔作为工商学界必需之品，三界有两亿人，每人每年用一支铅笔，每支平均价值大洋五分，需要一千万元的国币输出国外去，试问中国怎能不穷？怎能不破产？

民国华文铅笔厂广告

1919年的"五四"运动不仅是反帝的爱国政治运动，同时也是反封建的新文化运动。由于反帝爱国运动的掀起，特别是1925年"五卅"运动以后，在全国发生了轰轰烈烈的抵制外货、提倡国货的自发群众性爱国行动，客观上为我国民族制笔工业的萌芽和诞生提供了有利的外部条件。

1919年的"五四"运动带来的新文化生活的影响，使我国原有的书写工具——毛笔，在很多方面已不能适应新文化生活的需要。当时，我国还没有自己的民族制笔工业，一些原来从事这类商品进口业务的中国商人，就利用民众抵制外货、提倡国货的时机，向国外定制"和平""统一""恰众""美联""孔雀"等商标的自来水笔和铅笔，用"挂羊头卖狗肉"的手法，以国货姿态出现于市场。当时不但中国商人采用这种蒙混手法，就是国外输入我国商品的商人也采用"改头换面"的方法冒充中国货进入国内市场。如日本藤田铅笔厂输入我国的一种铅笔，就用上了"中华"牌商标，蒙骗国内消费者。这种情况客观上为我国制笔工业的诞生起到了催生作用。

3. 中国铅笔工业的诞生和缓慢发展

中国民族制笔工业的诞生发源于上海。20世纪30年代初，仁人志士们纷纷走上实业救国的道路。民族铅笔工业由于设备、技术和原材料等产业链的条件限制，诞生迟于自来水笔工业。

1932年，在香港九龙，属于永安公司的郭氏家族投资，将原英商所经营的"世界铅笔厂"改建为"大华铅笔厂"，注册"双箭""地球"两大商标品牌，尤以"双箭"牌最为著名。随后相继在上海、广州设立办事处和开设工厂，是中国名义上第一家制造铅笔的工厂。直到抗战胜利后迁到广州，后又转变成公私合营广州铅笔厂。（详见"大华铅笔厂"一节）

1933年前后，天津的民族工商业者卢开瑗在北平开办"中国铅笔公司"，注册"金字塔"牌商标，从德国、日本购入各种铅芯加工为成品。该公司的技师首创了把铅笔板锯板改为切板机切板的技术，可不出木屑，节约木料。开办二年后，因无力与外货竞争，在1934年倒闭，一些工人技师后来转入吴羹梅等人创办的"中国铅笔厂"。

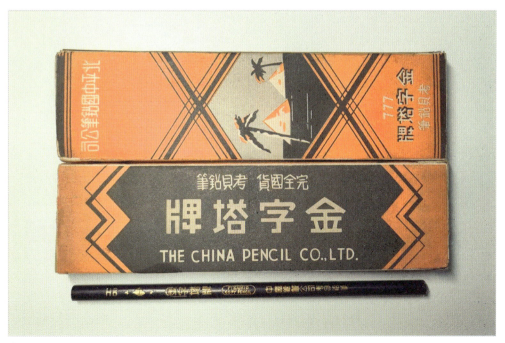

中国铅笔公司金字塔牌 777 拷贝铅笔

1933 年，中国合群自来水笔公司股东竺芝珊在上海的保定路树丰北里 74 号开设华文铅笔厂，注册"飞燕"牌商标，从日本购入白杆铅笔进行油漆加工，打印商标后出售。因缺乏技术人员，生产设备落后，铅笔质量无力与外货竞争，销路不好，不得不亏损停产，在 1936 年整体出售并入华孚金笔厂，成为华孚金笔厂铅笔部。

1935 年，在上海斜土路 294 弄曾出现过"一心工艺社"，最初是由民族资本家毕渠卿开办，专门生产蘸水笔尖。1937 年，曾短暂成立"一心工艺社铅笔制造厂"，生产"红十字"牌碳素铅笔、木工铅笔。"八一三"战争爆发后，该社无法维持，遂告歇业。

真正意义上我国民族铅笔工业的发源，还应该从上海的"中国铅笔厂"开设算起。该厂系由留日学生吴羹梅偕其同班同学郭子春（台湾嘉义人），从日本留学毕业，并在日本铅笔制造工场实习归国后，邀请江苏武进同乡章伟士于 1934 年筹办，靠着家族、亲属、同学和部分工商实业界的关系分头集资，1935 年 10 月 8 日正式在上海斜徐路 1176 号开工，这是中国第一家能够自制铅芯和笔杆的铅笔厂。

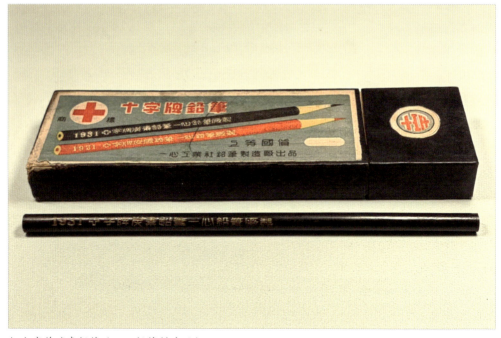

红十字牌碳素铅笔（一心铅笔制造厂）

这一举动打破了外国铅笔品牌的垄断，打破了日本同行有关中国造不出铅笔的预言，证明了中国也能制造出优质的木杆铅笔与国外铅笔竞争。该厂生产的"好学生""小朋友"等低档铅笔，"航空救国"等中档铅笔，以及"鼎牌"等高档铅笔，在高涨的反日爱国浪潮和"提倡国货"运动的推动下，受到国人的青睐，逐渐打开了市场。1936年12月底更名为"中国标准国货铅笔厂"，1942年12月再更名为"中国标准铅笔厂"，是至今为止仍在正常生产的全国轻工业国有重点骨干铅笔企业。（详见"中国铅笔厂"一节）

抗战时期，曾任清华大学教授的张大煜邀集施汝为、赵忠尧等知识分子共同发起，委托郭志明等人具体筹备，在上海沪西劳勃生路323号（今长寿路635号）创办"长城铅笔厂"，1937年6月开业投产，生产"长城"牌、"鹰"牌等木杆铅笔。（详见"长城铅笔厂"一节）

1939年7月，从中国标准国货铅笔厂分化出来的股东章伟士、郭子春携手在上海徐家汇路324号（现548号）筹备设立"上海铅笔厂"，生产的"三星"牌、"五星"牌彩色石墨铅笔，因质量好、价格合理，也广受民众和学生们的喜好。（详见"上海铅笔厂"一节）

天津的明月铅笔厂创办于1940年春，初始资本法币二十万元，公推王汰甄（天津中天电机厂总经理）为经理。1941年4月借用中天电机厂空屋数间（天津英租界海光寺道福发道），购入美国白杆铅笔，开始生产"玉连环"牌、"骆驼"牌铅笔。后因太平洋战争爆发，白杆铅笔断供，开工不足一年即被迫停工。之后投资人决定将开工一年的销售货款，在上海订购一套新式铅笔制造设备以作备用。1949年将搁置备用的成套铅笔制造设备与上海铅笔厂一起投资筹建上海铅笔厂北京分厂，这是后话。

抗日战争胜利之后，美货源源而来，给我国民族制笔工业带来了严重冲击。美国黄杆橡皮头铅笔在中国大量倾销，几乎使当时设在上海的三家主要国货铅笔厂无法维持。在外货铅笔倾销下，工厂经营困难，工人的生活更加陷入水深火热之中，不少工人被纷纷解雇，遭受失业的痛苦，使他们不得不向国民党政府联合请愿。至全国解放前夕，国民政府发行金圆券，全国其他地区的几家铅笔厂因金圆券发行以后，通货恶性膨胀，也陷入了相同的困境。

原先开设在香港九龙又迁到广州的大华铅笔厂，内迁在重庆设厂，抗战胜利后回迁至上海的中国标准国货铅笔厂，加上新设在上海的长城铅笔厂和上海铅笔厂，这几家相对规模较大的骨干铅笔厂，在1949年之前，构成中国铅笔工业的雏形。

中华人民共和国成立之后铅笔工业的复兴发展

中华人民共和国成立后，国家实行一系列的扶植政策，对生产铅笔所需原材料实行配给制供应，对产成品实行统购包销政策，铅笔工业的生产得到迅速恢复，开始了生产厂家的全国布点，中国铅笔工业由此走上了蓬勃发展的新阶段。

国家对私营铅笔工厂采取裁并、改组、改造等多种方式，使中国铅笔工业的规模迅速扩张，1954 年后，我国由铅笔进口国发展成为铅笔出口国。从 1955 年年底到 1956 年年初，上海制笔行业实现了轻工系统第一个全行业公私合营。

1956 年，轻工业部组织力量调查研究，制定了《铅笔生产工艺操作要点》，对制造铅笔的主要原料、工艺都有了明确具体的要求。1959 年，国家颁布了首部铅笔国家标准，对铅笔规格、指标、技术要求、检验方法等均作出明确规定。

1. 龙头厂家辐射扩展

为改变民族制笔工业过分集中在上海一地的局面，按照政府"合理布局、定点分工生产"的原则，上海的三家骨干铅笔厂响应号召，开始北上开设铅笔分厂。

先有中国标准铅笔厂，在主要投资人吴羹梅参加中国共产党组织的民主东北参观团后，在 1949 年夏即代表该厂和哈尔滨企业公司合作，将该厂准备扩充用的月产能力为 2 万罗（1 罗 =12 打 =144 支）铅笔的一整套铅笔制造机器作价投资，并由工程师梁树禧带队率领技术员工十余人赴哈尔滨。1950 年 1 月，公私合营哈尔滨中国标准铅笔公司正式投产，生产"鼎"牌、"工农"牌铅笔。1954 年年底与中国标准铅笔厂股份有限公司中止合作关系，之后生产"天檀""新中""红领巾""日记""汇丰"牌铅笔，是全国规模最大的铅笔制造企业之一。

1949 年 9 月，上海铅笔厂亦响应政府号召，决定设立上海铅笔厂北京分厂，投资人章伟士、郭子春及孔汉布等共赴北京，会同在天津的常务董事王汰甄，选址北京海淀区清华园三才堂 33 号设厂。王汰甄兼任经理，孔汉布任北京分厂厂长，在当地招收工人，并从上海总厂抽调技术骨干和老师傅支援，同年年底开始生产"三星"牌铅笔。1954 年 5 月改名为公私合营北京三星铅笔厂，与上海铅笔厂脱离投资关系，"三星"商标收回自用。1966 年改为北京铅笔厂，生产"金鱼""丰收""卫星"牌铅笔。

1949 年上海解放后，由上海长城铅笔厂和天津裕兴文具社共同投资设立"地方国营天津铅笔厂"，由长城厂厂长郭志明和王凤山具体负责筹备。1950 年 5 月

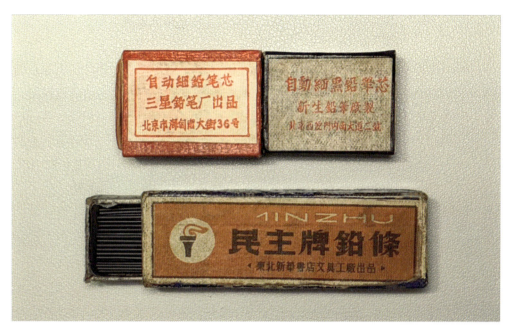

细铅芯

1 日，在天津市工商局注册挂牌成立，最初厂址设在天津市河西区绍兴道 197 号，后搬至河西区解放南路 468 号继续生产。先后使用"地球""三角""仙鹤""四花""鹦鹉"等商标生产铅笔，"文革"中曾使用"东方红"牌商标。

　　1954 年 10 月，经上海市人民政府地方工业局批准，成立公私合营中国铅笔公司，公私合营中国标准铅笔厂成为公私合营中国铅笔公司一厂；上海铅笔厂成为公私合营中国铅笔公司二厂；长城铅笔厂成为公私合营中国铅笔公司三厂。1955 年 6 月，公私合营中国铅笔公司撤销。1956 年 1 月起，公私合营中国铅笔三厂并入公私合营中国铅笔一厂。

2. 新设厂家地区设点

　　1955 年全国"三笔"会议前后，根据国家战略布局，全国多地通过收购、内迁、合并等多种方式，陆续在济南、大连、沈阳、福州、蚌埠等多个重要城市，陆续新建成年产 1.5—2.5 亿支的较大规模铅笔厂。

　　1949 年，北京宣武区南大道二号曾设有新生铅笔厂，主要生产配套铅笔芯。

　　济南铅笔厂前身是 1950 年 1 月成立的济南市劳动自救服务社文具工厂，当时

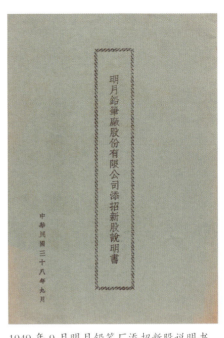

1949 年 9 月 14 日《东北日报》报道日产 2 万罗铅笔的设备由上海运抵哈尔滨，合资筹建哈尔滨中国标准铅笔公司

1949 年 9 月明月铅笔厂添招新股说明书

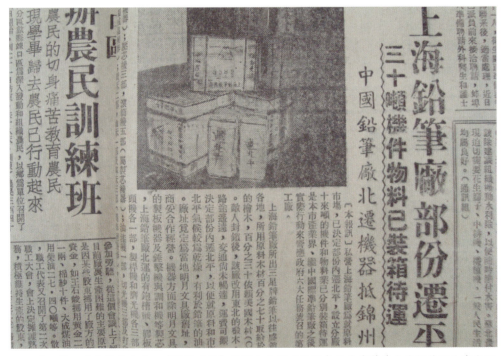

1950 年 2 月 6 日空袭发生后，《解放日报》报道由上海启运设备至北京筹建上海铅笔厂北京分厂

手工生产"生救"牌铅笔，商标图案是齿轮和一碗饭。1950年，开始使用"友爱"商标；1953年，注册"友爱"商标；1954年，工厂更名为地方国营济南新文文具厂；1955年12月，以地方国营济南新文文具厂为中心，将济宁、青岛、济南、徐州等地的8家私营铅笔厂并入该厂，主要生产一般书写铅笔和红、蓝铅笔；1964年，济南新文文具厂更名为济南铅笔厂，"文革"时期曾使用"红缨"商标。

1951年成立的东北新华书店铅笔厂，脱胎于1936年日本人宫原在当时奉天（现沈阳）创办的"东亚铅笔股份有限公司"。1952年并入旅大文教用品厂，成立铅笔车间恢复生产，生产"新文化"牌铅笔。1962年经批准，将旅大文教用品厂铅笔车间调整成立地方国营大连铅笔厂，厂址位于大连中山区五五路8号。1965年开始生产"鹿"牌印花铅笔。1981年"鹿"牌861型HB中级印花橡皮头铅笔荣获国家银质奖，这是后话。

自1946年中国标准铅笔厂回迁上海后，留在重庆原址的铅笔制造设备继续生产，1950年7月改为公私合营中国标准铅笔厂重庆制造厂，生产"鼎""飞机""学文化""工农"牌木杆铅笔。1953年4月与上海总厂脱离投资关系后，改为地方公私合营铅笔厂，1965年改为地方国营重庆铅笔厂。其在1964年生产的屠宰铅笔、1978年生产的裁剪铅笔均为全国首创。1982年为中国共产党十二大专门定制的导电选举铅笔，外形美观，质量优异，受到多方表彰。

1952年，沈阳市开始对个体铅笔小生产者进行调整，将"进步""扶源""日光""建文"等几家生产铅笔的小作坊合并，成立沈阳市第四文教用品合作社。1962年，经批准，将沈河区印刷厂铅笔车间转为市属企业，成立地方国营沈阳铅笔厂，厂址位于沈阳沈河区大西路三段42号，生产"孔雀"牌黑芯、彩色铅笔，"沈阳"牌绘图铅笔，还生产过"勤学"牌全红铅笔。"孔雀"牌646大六角红蓝铅笔在1978年至1980年连续三年被评为全国质量第一名。

1958年1月1日，注册成立福州铅笔厂，前身是十多名手工业者组织起来的文具生产合作社，是新中国定点生产铅笔的国有老企业，厂址为福州仓山区福厦公路白湖亭（三叉街下藤路327号），先后生产"葵花"彩色铅笔、"劲松""燕子""五尺枪"牌石墨铅笔。

1958年3月，蚌埠市人民政府正式批准筹建蚌埠铅笔厂。1959年4月5日，铅笔试制全面开始，经过二十多天艰苦努力，手工操作和自制土设备生产铅笔数千支，弥补了安徽铅笔生产的空白。

3. 全国布局均衡完善

1965 年前后，陆续新建了广西梧州、吉林磐石、山东威海、山西宁武、湖南长沙、贵州剑河、江西瑞金等铅笔厂，完善了铅笔生产的全国布局。1966 年，铅笔行业中原来的公私合营生产厂家均改为国营工厂，按行政划归。

广西梧州铅笔厂成立于 1963 年 10 月，厂址在梧州市长洲区新兴二路 135 号，持有"天虹""三叶""百花""金鸟""金兔"等铅笔商标。

吉林市铅笔厂建厂于 1967 年 1 月，厂址位于磐石市前景路 1 号。主要生产"海鸥""白翎""工农""松花江"牌彩色、石墨铅笔。

1967 年建立的威海铅笔厂，初址在山东威海市环翠区青岛中路 40 号，是一家定点生产出口铅笔产品为主的国有老企业，专业生产"金马"牌铅笔，同时还持有"火炬""神童""犀牛"等注册商标。1994 年改制为合资企业。

贵州剑河铅笔厂于 1976 年 5 月正式成立，建厂初期 40 余人，专业生产"苗岭"牌铅笔。

江西瑞金铅笔厂成立于 1978 年 12 月，专业生产"庐山"牌铅笔。

从民间手工业作坊起步，发展到民营企业；从解放后的公私合营，到计划经济的产业整合；从改革开放、私有经济的发展，到市场经济、民营资本的扩张，历经历史的沿革，使中国的书写工具在国际上的地位不断上升，并成为制笔生产大国和出口大国。随着科技创新、技术进步和智能开发，我国正努力向制笔强国目标奋进。

世界铅笔历史迄今不过两三百年，中国人使用和制作铅笔的历史已有九十余年。即便在科技突飞猛进的 21 世纪，铅笔的使用功能并没有被完全取代，它依然作为一种经济、有效的重要书写工具而被广泛使用。

具有代表性的铅笔厂家

大华铅笔厂

大华铅笔厂是由香港侨商郭辅棠、陈肇根二人于 1932 年在香港九龙原英商经营的世界铅笔厂基础上改建创立，是中国第一家制造铅笔的工厂，更是中国铅笔工业的先驱。

工厂初创

20 世纪 30 年代的中国是积贫积弱的年代，当时文具用品市场被舶来品所霸占，基本没有民族文具实业的一席之地。当年舶来品铅笔的输入，主要是德国、美国的中、高端铅笔及日本的普通铅笔，尤其日本普通铅笔为甚，占据输入总量的 85% 左右。郭辅棠为粤东郭顺家族实业巨子，自岭南大学毕业后，决心改变国内没有自产铅笔的局面。此时，其同窗陈肇根刚从欧美学成诸多制造技术后回国，在中央兵器制造厂广东分厂担任技正（相当于现在的总工程师），两人一拍即合，有了合作兴办实业的打算，着手创办铅笔厂。

1930 年 9 月，郭辅棠、陈肇根二人合股先在香港九龙旺角西洋莱街自办"宇新机器厂"，开始研制制笔机器和铅芯配方，耗时近两年。其间得到粤籍化学家黄新彦博士（国民政府中央国防委员会委员，化学顾问）指导，得以确定铅芯配方。

1932 年 10 月 10 日，"大华铅笔厂"正式成立，厂址设于香港九龙城启义路，后因建设启德机场被征用，厂房迁至长沙湾青山道。

该厂在国民政府实业部注册有"双箭""地球"两大商标品牌，尤以"双箭"牌最为著名。生产 6B、4B、BB、HB 黑芯铅笔及高等黑芯铅笔、红蓝颜色铅笔、木匠铅笔、青莲拷贝铅笔、八色蜡笔等十余种产品，日产量约二百罗（1 罗为 144 支），每年约八万罗。其制造铅芯、铅笔的机器，均由陈肇根等人自主研发，原料尽量采购国货，另从欧美少量进口补充。在全民抵制洋货、提倡国货的大背景下，大华铅笔厂打出"国人资本，国人经营"的广告语，产品最初行销于华南各地区，在广州靖海路口设发行所称为粤局，后逐渐推及长江流域。由于该厂的出品精良，

1933 年 8 月 20 日《新闻报》刊登大华铅笔厂广告

售价低廉，全国各界尤其是教育界都有相当的认知，因而销路大增。

大华铅笔厂的创立恰逢"九一八"事变后，日寇扶植伪满不久，国人正同仇敌忾抵制日货，此时大华铅笔厂的产品作为当时铅笔制品唯一国货，不仅得到了广大民众的支持，还引起了国民政府诸多官员的重视。时任上海市市长吴铁城为该厂题词："大华铅笔完全国货，即其制造机器，允国人所发明，洵为国货上品，货既精美，价又低廉，尤合国民之应用，当代漏卮日增，国贫民困，该公司既尽其振兴国货之责任，吾人允应共具爱用国货之热忱，爱国光，爱国货，愿我国人共试用之。"

1933 年 7 月 22 日，国民政府实业部为大华铅笔厂颁发国货证明书，次年 9 月 7 日，又由行政院通令全国采用，至此在全民提倡国货的大背景下，大华铅笔厂已妥妥得到国民政府和民众"大众共知"的地步。

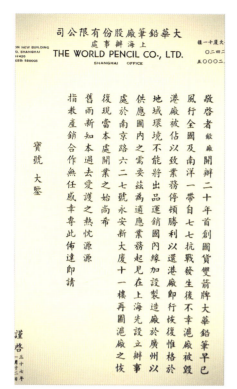

1948年1月大华铅笔厂设立上海办事处通告

吴铁城为大华铅笔厂题词

1933年，大华铅笔厂在上海设立办事处简称沪局，经营本厂业务，地点位于东寿坊靶子路567号（今武进路484号），经理伍仲山。大华铅笔厂遂于1935年将其上海办事处迁至汉口路兆福里11号（此地现为汉光大楼）。1948年初又迁至永安新大厦11楼办公，负责人为李光廷，该办事处坚持到了1954年。

随着大华铅笔厂生产数量的提升，原有场地已不足以满足工厂生产的发展，1936年6月遂在沪设立上海分厂，注册资本40万港币（香港投资20万、上海招股20万），添置大规模的制造设备于荆州路405号厂址。上海分厂规模较香港本厂更为庞大，极大地提升了大华铅笔厂的生产能力，有效地促进了国货铅笔的进一步推广。

抗战全面爆发后，随着上海、香港的相继沦陷，大华铅笔厂一度停产，厂房、原料与产品等损失惨重。香港本厂方面所幸厂房设施损失不大，尚有能力恢复，而上海分厂则没有那么幸运。在1937年"八一三"淞沪会战期间，该厂遭日军炮火的攻击，工厂员工拼死抢出了七台机器设备和近一万罗的铅笔制品，其余财产尽数毁于战火，大伤元气后无力复业。

上海沦陷后，分厂厂址被日军占据，并在此开设日商兴亚钢业厂。抗战胜利后，香港大华铅笔厂开始复工，并全面恢复生产，但荆州路厂址随兴亚钢业厂由国民政府经济部整体接管后，自此湮没。

民国大华铅笔厂彩色铅笔

大华铅笔厂与华文铅笔厂国货争议公告

抗战胜利后的 1946 年 10 月，国民政府曾颁布外货进口限制法令，导致国内铅笔市场出现空缺，大华铅笔厂随即把握机会，同年 12 月，遂在广州南华中路 297 号开设广州大华铅笔厂，生产"双箭"牌铅笔，其中拷贝铅笔还被指定为当时的邮政系统用笔。后因战事和通货膨胀影响，于 1949 年 5 月停业。

1950 年 1 月，广州大华铅笔厂复工。1951 年南华铅笔厂成立，生产"天平"牌铅笔，品种有彩色、绘图、红蓝及橡皮头铅笔。1956 年，广州大华铅笔厂、南华铅笔厂、新中文具厂合并为公私合营广州大华铅笔厂，其生产线和经销重心逐步退出上海，重返华南地区。

最终归宿

全国解放后，大华铅笔厂旗下的三处工厂走向了不同的命运。

1. 香港方面

作为最早本部的香港工厂在此后仍继续经营，由郭氏家族后人郭琳爽负责，后改为世界铅笔有限公司。

2. 上海方面

荆州路厂址自遭日商侵占后，原有厂址建造了日商钢铁厂。上海解放后，1951 年 5 月，在该钢铁厂的基础上成立了新沪钢铁厂，至 20 世纪末厂房被拆除，原厂址纳入城市

民国大华铅笔厂广告

大华铅笔厂上海办事处铭牌

规划建设，如今成为了宝地广场的一部分。

3. 广州方面

广州解放后，广州大华铅笔厂因债务纠纷一度惨淡经营。自 1956 年开始，在厂长叶寿祺主持下，广州大华铅笔厂实现公私合营后才步入正轨，主营"双箭"牌和"天平"牌铅笔，是华南地区铅笔产业的中坚力量。1969 年广州大华铅笔厂转为地方国营并更名为广州铅笔厂。值得骄傲的是，当时的工厂技术人员邱林发明了全国第一台铅笔印花机。原厂址今已不存。

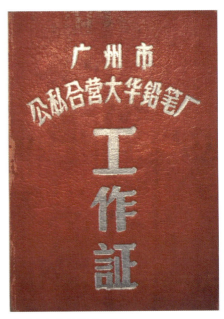

广州市大华铅笔厂工作证

中国铅笔厂

上海设厂，艰难起步

1935年10月8日，中国第一家自己制造铅芯、铅笔板、笔杆及外观加工的全能型铅笔制造企业——中国铅笔厂股份有限公司在上海成立，这是民族铅笔制造业的诞生地。

当时中国的文具市场被外来洋货所垄断，铅笔亦是如此，市场上充斥了德国、美国的中高档铅笔和日本的低档铅笔。

1934年，28岁的中国留日学生吴羹梅偕同班同学郭子春，怀着实业救国的梦想，在日本留学实习后归国，邀请善于经营管理的常州同乡章伟士，组成"三驾马车"，共同在上海发起筹办中国第一家国货铅笔厂——中国铅笔厂。同年7月7日在上海八仙桥青年会大楼（现为上海青年会酒店）召开第一次发起人会议，初始发起者有14人，议定厂名为"中国铅笔厂股份有限公司"，议定公司章程，募集资本总额国币5万元，委派章伟士、吴羹梅主持筹建。

章伟士、吴羹梅等人在上海南市与法租界一水之隔的斜徐路1176号，购得一处木质结构的二层楼房作为生产厂房，这是一家倒闭的缫丝厂，约2万平方米，厂房经翻修后于1935年3月竣工。同年10月8日，公司正式开工生产，国民政府林森、孙科、于右任等大佬均赐予题字，同时邀请上海金融、实业及文具业人士来厂参观。10月10日《中央日报》报道称"出品精良，超过舶来品，故上海政学各界，均先后向该厂订购铅笔"。

中国铅笔厂斜徐路1176号厂房大门

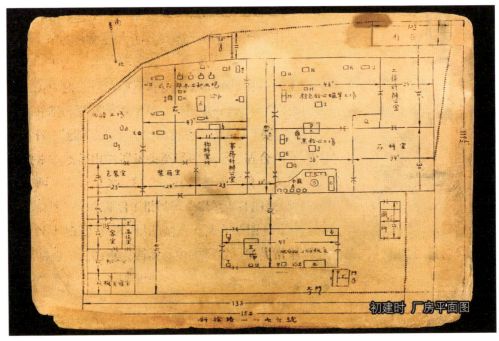

中国铅笔厂初建时厂房平面图

1935年10月上海市教育局局长潘公展谨赠
上海市第二届集中军训纪念铅笔（中国铅
笔厂承制）

1937 年 1 月 1 日《申报》刊登更名中国
标准国货铅笔厂启示

1938 年 2 月 23 日《申报》汉口版刊登中
国标准国货铅笔厂迁汉口启示

1935 年 10 月开工没多久，就领到上海市社会局工厂登记凭单（沪字第 328 号）。

1936 年 2 月 16 日，在公司召开第二次发起人会议。选举出第一届董事 7 人、监察人 2 人，推举当时上海市教育局局长潘公展为董事长。第一届董监事联席会议议决，聘请董事章伟士为经理兼会计科长，董事吴羹梅为协理兼厂长，郭子春为副厂长兼工务科长。

建厂初期设技术科、财务科、采购科、总务科、销售科 5 个科室，制芯、制板、制杆、成品 4 个车间，全厂工人七八十人，大多是从北平、武进等地招来的技术骨干、学徒和临时女工，月产量 1 千多罗铅笔。生产"飞机"牌 1 号完全国货、600 号小朋友、200 号好学生、500 号航空救国、550 识字运动等低中档铅笔、"鼎"牌高级绘图铅笔及"飞机"牌八色、十二色蜡笔等，因物美价廉，一面世便受到国人瞩目，打破了国外进口铅笔垄断国内文具市场的局面。

但要真正打开市场谈何容易，为此，吴羹梅等人采取两条措施。第一，动用人际关系努力攻关，采取一年三次（春节、端午、中秋）延期结账方式，成功打入益新教育用品社（何伯龄创办）、合记教育用品社（王福清兄弟创办）、育新教育用品社（许功甫创办）、上海仪器文具社（周佩钦创办）等上海滩几家著名的文具批发商，及永安、先施、大新三大百货公司来经销国货铅笔。第二，疏通政府层面关系，以行政发文形式指定使用。1936 年，国民政府实业部训令本部附属各机关，教育部通令全国教育厅教育

鼎牌 102HB 铅笔

局及各学校，通饬采用国货铅笔的使用，而各机关、各校学生也都乐于购用。1936年2月5日，上海市教育局局长潘公展以训令《为据斜徐路中国铅笔厂呈请通令采用该厂铅笔令仰遵照采用由》，下发到本市公私立中小学："该厂所出之铅笔，尚切实用，既系国货，自应提倡。除批复暨分令外，合行令仰遵照采用！"

　　1936年5月6日，国民政府实业部商标局核准"鼎"牌商标注册、"飞机"牌注册商标，注册证核准在案。

　　中国铅笔厂设厂之初，即顺应民众"抵制洋货，提倡国货"的爱国热情，把"中国技师、中国原料、中国资本"作为宣传重点，将董事长潘公展书写的"中国人用中国铅笔"打印在自产铅笔上。1936年12月21日，实业部颁发设字第1329号执照，从1937年1月1日起，更名为"中国标准国货铅笔厂股份有限公司"，在厂名上特地加上"标准国货"四字。

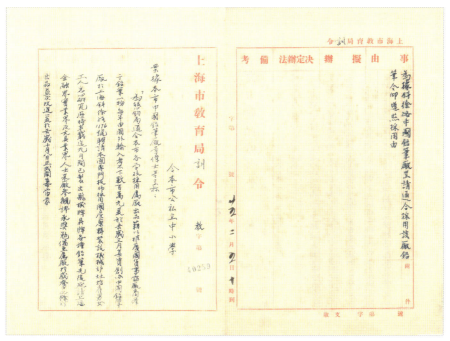

1936年2月3日上海市教育局训令（第一、二页）

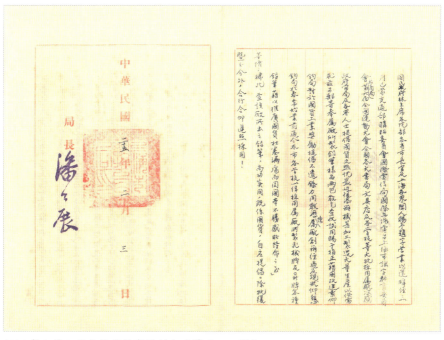

1936年2月3日上海市教育局训令（第三、四页）

抗战迁厂，历经磨难

工厂设立两年后的 1937 年，"八一三"事变爆发，工厂沦于炮火之下，被迫停工。为了不让呕心沥血创建的铅笔厂落入敌手，在得到上海工厂迁移监督委员会和上海工厂联合迁移委员会批准后，创办人吴羹梅、章伟士等毅然决然迁厂离沪。1937 年 11 月开始首迁汉口短暂生产四个月，再迁宜昌借地开工半年；1938 年冬辗转迁移到重庆，两年内三次搬迁，濒临绝境的工厂终于在渝立足，于 1939 年 6 月选址重庆菜园坝正街 15 号正式复工，成为当时大后方唯一的一家铅笔制造厂。

在重庆期间，工厂曾两次被日机轰炸，炸毁车间、仓库，损失惨重。全厂职工奋力抢修，仍坚持生产。1945 年年初，曾短暂在兰州设立分厂，招募三四十名临时工生产，为防不测，以备后路。

为扩大产品销售，从 1937 年 1 月开始，陆续在汉口、重庆、贵阳、昆明、衡阳、西安、兰州等地设立办事处或发行所。抗战八年中，自主生产了 5100 余万支铅笔，行销抗战大后方各地，缓解了后方急需书写工具的局面。

1941 年年底，创办人章伟士、郭子春选择离开，另在上海筹建新铅笔厂。在 1942 年 12 月召开临时股东大会，议决解散改组，并召开新股东大会增资扩股，决定改组更名为"中国标准铅笔厂股份有限公司"，并让全体职工成为股东，常务董事吴羹梅被任命为总经理。吴羹梅先后投资创办协昌贸易公司、光华油漆厂、中和化工公司、中国标准锯木厂等铅笔生产制造上下游配套工厂。其中，投资的

1940 年在重庆的中国标准国货
铅笔厂被炸现场

中国标准锯木厂制造了大量抗敌前线急需的军用木箱，中和化工公司生产了大量军工所需的化工产品，为支持抗战出力尽责。

1945 年抗战胜利后，吴羲梅抵沪主持复厂事宜。次年 2 月，成立总厂筹备处，决定留一整套铅笔制造设备继续在重庆生产，改称中国标准铅笔厂重庆制造厂，另将事先存放在兰州分厂的一套铅笔制造设备迅速运回上海。作为首批从重庆返回上海复厂的内迁工厂之一，承购了敌伪产业 —— 上海胶粉厂和上海制箱厂，在丹徒路 378 号和东汉阳路 296 号两处复工复产，称为中国标准铅笔厂上海制造厂。

回到上海复工复产的中国标准铅笔厂，既面临美国铅笔倾销的威胁，又受到已立足上海并已打开市场的长城铅笔厂、上海铅笔厂两大本土行业对手的竞争，再加上社会动荡不安，通货膨胀，物价飞涨，致使生产经营陷入困境。在经过短暂的生产一度恢复好转后，工厂卖出成品转瞬间补不进原料，只得高利贷款，维持生产，形成了恶性循环，债务越来越重，难以为继。至 1949 年上海解放前，工厂已陷于半停工状态。

喜迎解放，复苏发展

1949 年 5 月上海解放后，吴羲梅和他所创立的中国标准铅笔厂作为中国铅笔工业保留下的火种之一，重新焕发了生机，走上了新生之路。5 月 30 日正式复工。9 月率先响应政府号召在内地建厂，将一套月产能力 2 万罗的铅笔制造设备作价投资，派出工程师梁树禧率领十余位技术人员前往哈尔滨，与杨祝民任经理的哈尔滨企业公司合资建立"公私合营哈尔滨中国标准铅笔公司"。这一举动在当时的上海引起轰动，上海《商报》曾专门对此作了报道。至 1954 年年底中止双方合作协议。哈尔滨中国标准铅笔公司建立至今，仍是全国铅笔行业中规模较大的重点骨干企业之一。

1950 年 6 月 1 日，中央私营企业局核准"好学生"商标注册。

经创办人吴羲梅主动申请，在 1950 年 7 月，中国标准铅笔厂被政务院财经委正式批准公私合营，成为制笔行业中率先实现公私合营的私营企业。由轻工业部参与投资，资本总额人民币（旧币）66 亿元，公司双方投资各半，总公司设在北京崇文门内大街 42 号，上海、重庆、哈尔滨分设制造厂。10 月 20 日，在北京青年会召开公私合营中国标准铅笔厂股份有限公司第一次股东会，通过公司章程。

铅笔世界：中国铅笔收藏与赏析

飞机牌好学生 200HB 铅笔

公股董事 8 人，监事 2 人；私股董事 7 人，监事 3 人。轻工业部副部长王新元为董事长，吴羹梅任总经理，公方张书麟任第一副总经理兼上海制造厂代理厂长，私方吴永铭、梁树禧任第二、第三副总经理。1950 年 11 月召开第二次董监联席会，建议股东会次年 1 月迁回上海。鉴于吴羹梅已参加政府工作，准予辞职，吴永铭继任总经理，张书麟奉调离任，公方改派王学任第一副总经理兼上海制造厂厂长，梁树禧改任总工程师。自此企业发展进入新的阶段。

在上海市轻工业局引导下，1954 年 10 月 1 日，公私合营中国标准铅笔厂与上海铅笔厂、长城铅笔厂三厂合营合并，成立公私合营中国铅笔公司。工厂更名为"公私合营中国铅笔公司一厂"。1955 年 6 月再改名为"公私合营中国铅笔一厂"。1956 年 1 月，上海制笔工业公司将"公私合营中国铅笔三厂"（原创建于 1937 年的长城铅笔厂）并入。其后又并入五华五金文具制造厂和 8 家小业主单位。通过行业改组，扩大了工厂规模，生产经营得到空前发展。

援建朝鲜铅笔厂生产的成品铅笔

从1953年开始，工厂受轻工业部委托，先后接收三批朝鲜、越南同行实习生来厂实习，派出技术老师傅传帮带，培养出了多位友好国家制笔行业技术骨干，协助解决铅笔生产的技术问题。

中华人民共和国成立后，工程设计制图用的绘图铅笔需求量激增，而市场上还在大量使用价格昂贵的美国、德国等舶来品。工厂职工立志改变这种局面，经过数以百次的试验和改进，终于在1954年3月制造出规格齐全、高质量的"中华"牌101绘图铅笔，上市后深受使用者欢迎。美、德、日等国的绘图铅笔就此退出中国文具市场。之后又荣获国家质量银质奖，在中国铅笔制造业历史上树立了一座里程碑。

1951年12月11日颁发中国标准铅笔厂股份有限公司营业执照合股限字第01号

1951 年 12 月 11 日，中央私营企业局颁发给中国标准铅笔厂股份有限公司合股限字第 1 号执照。签发局长为薛暮桥，副局长千家驹、吴羹梅。有意思的是，当时吴羹梅是作为中央私营企业局副局长的身份，在给自己创办的公司颁发全国首张营业执照上签名，这是极具历史纪念意义的事件。

从鼎牌铅笔盒的设计变化反映中国铅笔厂厂名的变更

1954 年 3 月召开第四次董监联席会，议决撤销北京总公司，上海、重庆、哈尔滨的三个制造工厂独立经营，上海与外地另两家工厂更改为投资关系，派员分任两家工厂的董监事，行使投资职权。推举上海地方工业局办事处副主任王璘为董事长，吴羹梅为副董事长。

1954 年 6 月 1 日，中央工商行政管理局正式核准"中华"牌商标注册，成为至今全国为数不多的以"中华"命名的注册商标，成为国家工商管理总局、国家技监局、海关总署重点保护的商标。

1958 年，工厂从西德引进液压芯机等先进设备，开始大批量出口"长城"牌铅笔和定牌铅笔。当年出口的"长城"牌 2001 印花橡皮头铅笔、3544 橡皮头铅笔数量，占全年铅笔销售总量的 38.8%。此后一直保持占销售总量 40% 左右的出口水平。1960 年"中华"牌 6151HB 高级橡皮头铅笔首次出口，成为持续出口创汇的拳头产品。

1959 年 6 月，申请取得了专用于出口产品的"象"牌商标注册，开始大批量生产出口中高档铅笔产品，开拓国际市场，出口到欧美、中东、南美、非洲、东南亚等地区的 70 多个国家。到 1965 年出口产品交货量达到 1.13 亿支，占铅笔年总产量的三分之一以上，在全国制笔行业中处于领先地位，为我国从铅笔进口国转变为铅笔出口大国起了支柱作用。

改制上市，再创辉煌

1985 年 7 月，上海市轻工业局任命胡书刚为中国铅笔一厂厂长，并实行厂长负责制，使企业进入改革发展时期。

1986 年重点开发"爱丽丝"牌系列化妆笔产品，填补了国内空白，成为国内第一家生产系列化妆笔的企业。至 1990 年 10 月建厂 55 周年之际，主要经济指标列于全国铅笔行业之首，成为全国铅笔行业中规模最大、产量最高、品种最多、效益最好、声誉最佳的企业，成为全国轻工重点骨干企业，当年被核定为铅笔行业唯一的国家一级企业。2010 年铅笔产量更是达到 22 亿支，产量世界第一。

1992 年 2 月 18 日元宵节，中国改革开放总设计师邓小平视察上海第一百货，劳模马桂宁在三楼文化用品柜台为邓小平一行服务，小平同志用 10 元，买了四打"中

1992 年 5 月中国第一铅笔股份
有限公司上市

华"牌铅笔、四块橡皮，并向大家说："铅笔是让孩子们好好学习的，橡皮是让他们明白错了就要改。"小平同志质朴诙谐的话语，让在场的人情不自禁地鼓起掌来。

1991 年年底，中国铅笔一厂两次递交股份制试点报告，申请改制。次年 4 月 28 日，上海市经委沪经企（92）277 号批复同意股份制试点，改制为"中国第一铅笔股份有限公司"。5 月 20 日，经上海工商行政管理局审批，取得"中国第一铅笔股份有限公司"营业执照（执照号 150072900），上海市外资委也批复同意其为中外合资股份有限公司。至此，中国铅笔一厂改制为铅笔行业中唯一一家中外资金融合的股份制公司，与"英雄""永生""丰华"一同成为首批上市的制笔企业，并称为国内"四支笔"。

"中国第一铅笔股份有限公司"首届董事会由胡书刚、许兰英、石力华、王琼华、张克祥、吴国民等组成，董事长胡书刚兼任总经理。随后发行 A、B 股票，实际募得 1.2 亿资金，此后又根据政策和相关规定增资配股，获得了企业发展的宝贵资金。随后进行的几个重大投资项目对公司铅笔主业的快速发展起到了巨大推动作用，企业进入了又一个奋发腾飞的新时期。

从 1999 年至 2018 年期间，公司相继荣获同行业唯一的"中国名牌"称号、"中华老字号"等荣誉称号，首批"上海品牌"认证，中华牌铅笔成为全行业仅有的国家免检产品，通过中国质量认证中心（CQC）ISO9001 质量体系认证，ISO9002 质量体系认证。

1998 年 11 月，中国第一铅笔股份有限公司投资控股上海老凤祥有限公司，占股 50.44%。2009 年 5 月 13 日，"中国第一铅笔股份有限公司"更名为"老凤祥股份有限公司"，原属"中国第一铅笔股份有限公司"子公司的"上海福斯特笔业有限公司"（1997年2月成立）更名为"中国第一铅笔有限公司"。其作为"老凤祥股份有限公司"旗下的核心企业，专业生产经销铅笔业务。

2008年9月，研制成功SZM118"中华·神七"太空出舱书写笔，这是我国自主研发的第一支飞船舱外书写笔，填补了中国航天装备的空白。

2011年8月5日，收购上海三星文教实业有限公司100%股权。至此，享誉海内外的"中华""长城""三星"三大著名铅笔商标品牌，继1954年合并成立中国铅笔公司时汇聚在一起后，相隔半个多世纪后，再一次汇聚在一起，壮大了企业的软实力。

2011年9月5日，时任中共中央政治局委员、上海市委书记俞正声到中铅公司调研，并把公司的"三步走战略"总结为"两头在沪，中间在外"的发展新模式。

目前已经形成了上海松江新浜（2012年建立）、江苏宿迁泗洪（2012年建立）两大生产基地，成为国内最大、最完整的全产业链铅笔制造企业。

中国第一铅笔80周年纪念笔套装

厂名的历史演变

1934 年 7 月 7 日，于上海八仙桥青年会大楼召开第一次发起人会议，议定厂名为"中国铅笔厂股份有限公司"。

1936 年 12 月 21 日，国民政府实业部颁发设字第 1329 号执照，定名为"中国标准国货铅笔厂股份有限公司"。

1942 年 12 月 22 日，在重庆交通银行，举行改组后第一次股东大会，决定更名为"中国标准铅笔厂股份有限公司"。

1950 年 7 月 1 日，实行公私合营，成立"公私合营中国标准铅笔厂股份有限公司"，总部设在北京，上海、重庆、哈尔滨分设制造厂。

1954 年 10 月 1 日，成立公私合营中国铅笔公司，工厂改称为"公私合营中国铅笔公司一厂"。

1955 年 6 月，改称为"公私合营中国铅笔一厂"。

1966 年 10 月，改名为"国营中国铅笔一厂"。

1992 年 4 月 28 日，上海市经委沪经企（92）277 号批复同意股份制试点，改制为"中国第一铅笔股份有限公司"。

2009 年 5 月 13 日，经国家工商行政管理总局核准，"中国第一铅笔股份有限公司"更名为"老凤祥股份有限公司"。同日，经国家工商行政管理总局核准，原属"中国第一铅笔股份有限公司"子公司的"上海福斯特笔业有限公司"更名为"中国第一铅笔有限公司"。

1992 年首任中国第一铅笔股份有限公司董事长胡书刚题词

长城铅笔厂

艰难起步

20世纪30年代中后期，上海出现了"国产铅笔三兄弟"——从"辈分"上来讲：中国铅笔厂是老大，长城铅笔厂系二师兄，上海铅笔厂为三弟。老大和老三两家铅笔厂都是由民族实业家创办的，但位于沪西劳勃生路323号（今长寿路635号）的长城铅笔厂则是由一批股东占80%的大学教授和科技界专家学者共同创建而成。

1935年，清华大学教授张大煜有感于当时知识分子、学校师生使用的铅笔全是进口洋货，抱着"工业救国"之良好愿望，邀约中央研究院研究员施汝为、同校物理系教授赵忠尧等共同发起创建长城铅笔厂。是年，张大煜委请当时在清华大学实验工场任技师的郭志明、郑介春两人在北平具体筹备。1936年因时局紧张，郭志明等移址上海继续筹建。

1937年6月，长城铅笔厂股份有限公司开业投产。同时成立第一届董事会，由张大煜、赵忠尧、郑涵清、施汝为、吴诗铭、王淦昌、王松坡等组成董事会，并推选张大煜为董事长，先后聘请施汝为、吴诗铭任经理，聘请郭志明为厂长。

1939年6月20日，经国民政府经济部商标局审定，核准"鹰"牌高等国货铅笔注册商标（注册登记证第33943号）、"长城"牌完全国货铅笔注册商标（注册登记证第33944号）。

鹰牌长城牌注册商标

长城铅笔厂初期只是一家弄堂小厂，集资法币 3 万元，募集投资对象主要为大学教授和科技界专家学者。主要生产两种"长城"牌普通铅笔、两种"鹰"牌黑芯和红芯、蓝芯铅笔，初创期制造铅笔的原材料、铅芯和铅笔板均向国外采购，有工人、学徒 10 余人，生产规模每月不足 10 万支，主要销往上海地区的学校。由于财力有限，除笔杆制造设备是从德国进口外，笔芯制造、成品加工等设备均直接由郭志明参照德国设备样本，自行设计完成后，再委托新民机器厂、华森机器厂分别加工制造完成。

共度时艰

1937 年 8 月抗战爆发，长城铅笔厂被迫停工，直到 1938 年 6 月才逐步复工复产。因"二战"外货铅笔来源受阻，长城厂等国货铅笔供不应求。7 月 19 日长城铅笔厂在上海《申报》刊登产品广告，打出"国货铅笔、国货原料、国人技术"广告语。加建厂房、增添设备、职工增加至 50 多人（其中 70% 为学徒）；同时开始自制铅笔芯，试用本国杉木、银杏等木材生产普级、中级铅笔；用进口铅笔板和铅芯生产少量的"鹰"牌高级铅笔；努力开拓销售渠道，产品通过福建销往内地，并在天津、香港等地设立特约经销处。1939 年，其铅笔年产量达到近 700 万支，1940 年，其生产的铅笔已销往南洋、印度等地区。

民国鹰牌长城牌铅笔广告

1941 年 7 月 10 日，因劳勃生路厂房隔壁邻居火殃及本厂，原材料和成品毁于一旦，被迫再次停工。无奈之下长城铅笔厂只能进行改组，经灾后清理评估，留存工厂作价法币 5 万元，再募集新股法币 10 万元，核定注册资本为法币 15 万元，改组后新公司仍保持原名，于同年 11 月 23 日重新开张。新公司主要出资人为张季言，中央大学机械系毕业，时任中央研究院仪器工场主任。同时改选成立第二届董事会，由王贡山、陈元康、江辅汉、周子祥、张季言、赵忠尧、蔡松甫、张大煜、董葵轩等担任董事，并推选王贡山为董事长，施汝为、吴诗铭、陆德泽为监事，聘请董事张季言为总经理。

同年 12 月太平洋战争爆发，日军占领上海租界，市场萧条。长城铅笔厂内外交困，郭志明出任厂长后，铅笔生产时断时续，仅雇佣数名工人靠生产少量铅笔、画眉笔及经营其他业务借以维持，惨淡经营。

1945 年 8 月抗战胜利后，长城铅笔厂迅速召回散居各地的技术工人，全面恢复生产。虽然日本铅笔退出了中国市场，但其他外货铅笔仍泛滥倾销，特别是美国以"维纳斯"等为代表的黄杆橡皮头铅笔几乎占领了整个中国铅笔市场。时任厂长郭志明带领技术人员使用台湾地区产桧木铅笔板，积极研制、开发出款式近似美国"鹰"牌的 3544 黄杆橡皮头铅笔，以抗衡美国的"维纳斯"黄杆橡皮头铅笔并取得绝对优势。其间，还开始生产"长城"牌 400 好青年圆杆铅笔、"长城"牌 2811 木工铅笔等。

3544 黄杆橡皮头铅笔上市后受到热烈追捧，销量剧增。由于铅笔装铜套以及橡皮头都依靠手工制作，难以大量增产。郭志明独立构思、设计完成了"铅笔装橡皮头机"，并委托大明铁工厂制造成功。这是中国第一台自制的铅笔制造设备，极大地提高了橡皮头铅笔的生产能力。铅笔装橡皮头机也因此推广到整个国内铅笔行业。

1946 年 6 月增资法币 1200 万元，又向交通银行贷款法币 4000 万元，以增强经营实力。1948 年，郭志明厂长与台湾地区铅笔板商家新益公司合资，在邻近桧木产地的台南县建立白杆铅笔厂，制成白杆铅笔后运回上海加工成品出售。这大大降低了铅笔制造成本。得益于该举措，工厂在随后发生的市场失控、金圆券替代法币引起的强烈经济震荡时期，也因此得以稳住阵脚，维持正常生产且产销两旺。

长城铅笔厂 1947 年 1 月股东会议记录

重获新生

1949 年下半年，由上海长城铅笔厂和天津裕兴文具社在天津筹备设立铅笔厂；1950 年 2 月建立了天津铅笔厂，同年 5 月 1 日，在天津市工商局注册挂牌成立。

1951 年 2 月 1 日，中央私营企业局正式颁发新"长城"牌商标注册证，商标第 1289 号。6 月 1 日起，将所有出品的"长城""鹰"牌各种铅笔及包装原沿用之英文一律改为中国文字。

1952 年由于"鹰"牌黄杆橡皮头铅笔商标与美国"鹰"牌铅笔商标存在商标纠纷因而停止使用，之后生产的铅笔统一使用"长城"牌商标。

到了 1953 年年初，经过全厂 200 余名职工的辛勤劳动，长城铅笔厂已发展成为拥有资本 7.2 亿元 (旧币)，设有办事处 (上海广东路 17 号 42 室) 及三个厂区 (总厂上海长寿路 635 号、油漆部上海淮安路 397 弄 30 号、制板部上海南市黄家路 122 弄 6 号)，月产铅笔 430 万支的全能型铅笔厂。为响应国家关于对资本主义工商业的社会主义改造号召，进一步扩大再生产，经 1953 年 11 月董事会通过 "积极争取公私合营" 决议，委托郭志明厂长作为全权代表，向政府提请公私合营，同时规划选址上海真如地区开工建设新厂区。

1954 年 9 月 29 日，携同公私合营中国标准铅笔厂、上海铅笔厂一起与上海市地方工业局签订《合营合并协议书》，从 10 月 1 日起正式公私合营，改名为公私合营中国铅笔公司三厂。真如地区原拟建设新厂区的计划终止。

1955 年，上海市轻工业局批准中国铅笔公司一厂和三厂合并的改建计划。从 1956 年 1 月 1 日起，公私合营中国铅笔公司三厂建制取消，整体并入公私合营中国铅笔公司一厂，长城铅笔厂就此成为历史。其所持有的 "长城" 牌商标所有权也随之转移，继续以良好的品质和口碑享誉国内外铅笔市场。

长城铅笔厂 1951 特制军用铅笔

上海铅笔厂

艰苦创业

"八一三"淞沪抗战爆发，中国标准国货铅笔厂为保留国货铅笔的生产火种，克服困难、历经坎坷，西迁重庆，于1939年年初复工复产。然而由于主要创始人吴羹梅与另两位创办人章伟士、郭子春在经营理念上发生分歧，吴羹梅坚持在大后方重庆维持生产，支援抗战，而章伟士、郭子春则不愿意放弃在上海好不容易已打开的国货铅笔销售市场，经共同协商，决定由章伟士、郭子春负责在上海筹备新铅笔厂。

1939年7月，由留在上海的郭子春夫人丁瑞云等人筹集资本着手进行筹备。1940年年初，郭子春由重庆绕道香港抵沪，订购制造铅笔的机器设备，并购得徐家汇路324号（现徐家汇路548号）原万琛酱园为厂址，土地面积3.34亩，因地形狭长，被职工戏称为"油条厂"，为当时国内设备最完善的铅笔制造厂。面积3.34亩，向晶华玻璃厂、顺昌铁工厂订购铅笔机器设备加紧筹建。

1940年1月29日，新设铅笔厂经国民政府实业部批准，定名为上海铅笔厂股份有限公司，总资本为法币5万元（其中重庆中国标准铅笔厂出资1万元、在上海原中国标准铅笔厂部分股东、天津若干工商界人士出资4万元），创办人章伟士兼任经理、郭子春兼任协理及厂长，全厂职工40余人。

随后成立董事会，由天津启新洋灰水泥公司经理李勉之担任董事长，王汰甄（章伟士老乡、天津中天电机厂经理）、章伟士任常务理事，马荫良（申报馆总经理）、钱乃澄（会计师）、李进之（李勉之大弟）、郭子春任董事，李允之（李勉之五弟）、丁瑞云二人担任监察人。

1940年3月工厂正式开工，经中国标准铅笔厂创始人吴羹梅同意，在未申请注册新商标之前，允许使用"鼎"牌、"飞机"牌商标进行铅笔生产。

初期生产300、324、3240、330、333、339、345、369等八种型号木杆铅笔，还曾小批量生产过"红狮"牌蜡笔，其中以最初厂址徐家汇路324号门牌作为一款蓝杆黑顶的高级绘图铅笔的型号。

同年10月28日，经国民政府经济部商标局审定登记，"三星"牌注册商标（注册商标证第37846号和"五星"牌注册商标（注册商标证第37847号）。

红狮牌 12 色蜡笔

此后从 1941 年开始生产的各种铅笔均使用"三星""五星"作为商标，产品以颜色铅笔为特色，品质优良、价格适中，迅速占领国内文具市场。

抗战胜利后的 1946 年，经由参股的台湾地区实业家牵线搭桥，出资 700 万台币成功竞购台湾地区高砂铅笔株式会社（日本敌产），在台北市板桥镇设立上海铅笔厂台湾分厂，对原有厂房、设备扩建改装，郭子春兼任经理，林宝诞任台湾分厂厂长，生产"三星"牌 300 型铅笔，并将完成加工的台湾桧木铅笔板运回上海总厂使用，至 1964 年停业。

抗战胜利前，工厂曾因经营困难一度停产，抗战胜利后迅速恢复。1947 年在设立上海铅笔厂台湾分厂基础上，为扩大生产，吸收台湾部分实业家和上海"合记""益新""育新""上海仪器文具社"四大文具商投资人，增资扩股，成立总公司，即上海铅笔厂股份有限公司，修改公司章程，改组董事会。10 月 18 日，向国民政府经济部办理增资登记，经济部发给新字第 2492 号公司执照，发行股票。

1948 年，为抗衡以美国"维纳斯"黄杆铅笔为代表的外货铅笔倾销，郭子春等人试制出"三星"牌 3500 黄杆橡皮头铅笔，与长城铅笔厂生产出的"鹰"牌 3544 黄杆橡皮头铅笔一起投放市场应对，因这两款铅笔色彩亮丽，质量上乘，取得了较好的销售效果。

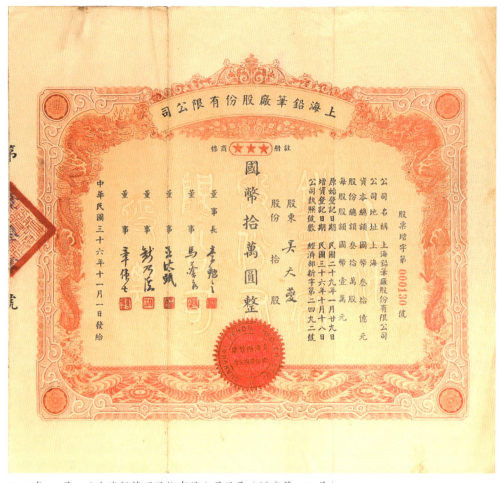

1947 年 11 月 1 日上海铅笔厂股份有限公司股票（增字第 130 号）

全面发展

　　1949 年上海解放后迅速复工生产，响应人民政府号召，决定北上设立上海铅笔厂北京分厂。章伟士、郭子春亲赴北京，会同在天津的董事王汰甄（天津中天电机厂总经理），选址北京海淀区清华园三才堂 33 号设立上海铅笔厂北京分厂；从上海总厂抽调一套制造铅笔的机器设备，与原天津明月铅笔厂留置的部分制笔机器先后运抵北京；原上海铅笔厂厂长孔汉布北上担任北京分厂厂长，从上海总厂抽调21 名骨干技术支援，并在当地招收 50 多名工人，采用师傅带徒弟的培训方式，开

1951 年 11 月 18 日上海铅笔厂乐队集体合影

20 世纪 50 年代初《工商手册》封底广告

始生产"三星"牌铅笔。至 1954 年 5 月，上海铅笔厂北京分厂改名为公私合营北京三星铅笔厂，与上海铅笔厂脱离投资关系。

1954 年 9 月，中华人民共和国政务院正式公布《公私合营工业企业暂行条例》后，10 月 1 日，在上海新华电影院召开公私合营中国标准铅笔厂、长城铅笔厂和上海铅笔厂合营合并大会，成立公私合营中国铅笔公司，上海铅笔厂改名为公私合营中国铅笔公司二厂，公方谈金龙任厂长、私方钱乃澄任副厂长。同时为迎接企业公私合营，郭子春等技术人员试制成功"中华"牌 5410 晒图铅笔，以此庆贺。

从 1954 年开始，受轻工业部指派，先后派出技术骨干去朝鲜援助建立铅笔厂，赴越南、阿尔巴尼亚协助解决铅笔生产上的技术问题。

1954 年，在中国铅笔公司主持下进行了清产定股工作，全部资产除台湾分厂、北京分厂外，就上海总厂部分核定了私方股本为人民币 802,286.10 元，按照政策规定，自 1956 年起每季按年息 5% 发给原股东定息至 1966 年三季度止，兑现了党和政府的赎买政策。

1955 年 2 月，为贯彻时任国务院副总理陈云"统筹兼顾、全面安排"的指示精神，中央地方工业部会同商业部召开全国"三笔"（金笔、钢笔、铅笔）会议。同年 12 月，上海市制笔工业被批准全行业公私合营试点，撤销仅成立一年多的公私合营中国铅笔公司，工厂改名为公私合营中国铅笔二厂，章伟士调回本厂任副经理。

1956 年，上海市制笔公司根据全国铅笔专业会议分工生产的精神，决定中国铅笔二厂分工生产以颜色铅笔为主，石墨铅笔逐步转向中国铅笔一厂生产。

20 世纪 50 年代初，郭子春带领技术人员试制成功"三星"牌 36 型特种铅笔，主要有白、红、黑三种颜色，具有在皮革、玻璃、搪瓷、塑料、金属、皮肤上书写与标记的功能，这种笔投产后极受用户欢迎。

1951 年 4 月，推出 3600 彩色铅笔（分 6 色、12 色、18 色、24 色）；1956 年推出广受欢迎的绘画用"中华"牌 5627 碳素铅笔；1957 年 12 月推出 "五星"牌大六角红蓝铅笔，在大六角杆的三面抽上金条，颇具中国传统特色；1958 年推出"五星"牌鱼鳞花纹的 585 青莲变色铅笔；1961 年 6 月推出主要用于外销，后来成为经典的"中华"牌 6151 高级抽条橡皮头铅笔，俗称"红中华"；1964 年推出"熊猫"牌变色测温笔；还有化妆眉笔、修照相簿用铅笔、黑棕炭精条、裁剪笔、香水铅笔、全塑铅笔等品种。

1958 年，上海市制笔工业公司召开"全行业比先进、比干劲、赶超国际水平擂台大会"，在制笔专家郭子春的技术指导下，经过 45 天奋战，"三星"牌 369 红蓝铅笔铅芯质量达到西德"天平"牌同类铅笔水平，送至在上海展览馆举行的"双比"展览会展出。

1966 年 5 月，改名为国营中国铅笔二厂。

从 1968 年开始接受任务，为人民大会堂订制 8128 型中六角杆红蓝铅笔为蓝本的定制铅笔，此后一直作为中直机关订制生产人民大会堂、中南海等中央党政机关及各种重大会议的专用铅笔定点生产企业。

民国时期三星牌 300HB 铅笔

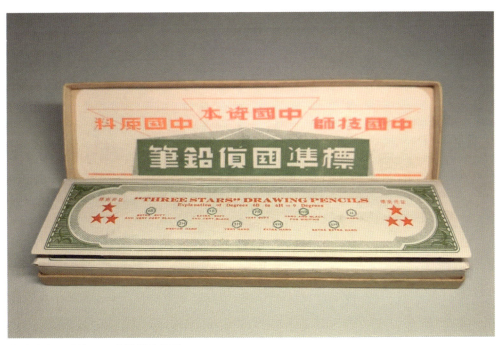

民国时期三星牌 324 高等制图铅笔

民国时期三星牌 330HB 铅笔

升级换代

从上世纪六十年代后期开始，为节约木材资源，开展活动铅笔的研制，经历了从坠芯式、旋转式、发展到脉动式的历程。1967 年试制第一代 101 型 2mm 全塑料杆旋转式活动铅笔，1976 年试制成 105 型坠芯式活动铅笔（不锈钢材质笔爪），并批量投入生产。

随着木材资源的持续紧张和环保意识的加强，谋求"以塑代木"，在吴羹梅等政协委员的呼吁下，工厂于 1979 年成立由李树荣为组长的试制小组，经过技术攻关，创制出一款"三星"牌 700 型高级全钢脉动式细芯活动铅笔和系列树脂石墨细铅芯，这款活动铅笔能通用派克圆珠笔芯，适用性强，获得中国轻工业部优质产品称号，填补了我国高级活动铅笔制造的空白，成为一款经典活动铅笔产品。此后陆续开发出高、中、低不同规格的活动铅笔系列产品和树脂细铅芯。成为当时国内生产活动铅笔规模最大、品种最齐、产量最大的专业生产活动铅笔企业。

1953 年下半年开始生产眉笔，因为对象是妇女，故定名为"三八"眉笔，后又生产"蓓蕾"眉笔、"上海"戏剧眉笔。上世纪八十年代，在生产传统木杆化妆笔基础上，于 1989 年 3 月开发出"迪菲亚"牌成套旋转式活动化妆笔，1990 年正式投产。

"三星"牌木杆铅笔、"五星"牌木杆铅笔、"三星"牌活动铅笔等各类产品多次荣获轻工业部优质产品称号。

1993 年 3 月 5 日，改制成立上海三星文教实业公司，后与上海铅笔板厂合并，迁至原上海铅笔板厂厂址浦东新区东沟界路 21 号继续生产经营。

2011 年 8 月起，上海三星文教实业公司被中国第一铅笔有限公司整体收购股权。中国第一铅笔作为"三星"牌、"五星"牌、"三乐"牌注册商标新持有人得以延续使用至今。

早期铅笔行业
发展中的
重要人物

中国铅笔奠基人吴羹梅
铅笔生产技术专家郭子春
长城铅笔厂创始人张大煜
行业经营管理全才章伟士
铅笔机械制造先驱郭志明

中国铅笔奠基人吴羹梅

吴羹梅，学名吴鼎，曾用名吴一羽，江苏武进梳箆巷人，1906 年 1 月出身于一个亦官亦商的富裕家庭，家中排行老七。他是中国民主建国会创始人之一，中国铅笔奠基人，被誉为中国"铅笔大王"。自 1935 年创办中国第一家国产铅笔厂起，他用铅笔绘制了一幅民族工业自力自强的时代画卷，体现了一位民族实业家的铮铮爱国情怀。

勤奋好学，寻求救国之道

1906 年吴羹梅出生时正是西方列强实施侵略，中国积贫积弱的年代。5 岁在家乡武进一家私塾念书，后转入县立小学。7 岁随母移居济南与父亲团聚，就读于济南南新街第一小学，毕业后又在大明湖旁的正谊中学读了半年。

1918 年随父举家迁至北平，在骡马市大街的正志中学求学，学名吴鼎。1922 年秋，16 岁的吴羹梅考入上海同济大学德文补习班学习，被推选为校学生会负责人之一。奉父母之命，与时任济南市警察局长的女儿高静宜结婚。后因参加抗议段祺瑞政府制造"三·一八"惨案的学生运动在 1926 年 4 月被学校开除。回北平后边工作边读书，接触进步思想。1927 年曾由中共地下党员胡曲园、王兰生介绍秘密加入中国共产党北京大学支部，化名吴一羽，从事地下工作。1928 年，北平中共组织遭破坏，与组织失去了联系。几经考虑，同年 8 月，22 岁的吴羹梅怀着实业救国的梦想，毅然决定东渡扶桑学习先进技术，寻求救国之道。

在东京先入东亚高等预备学校补习日文，1929 年 3 月毕业，同月考入横滨高等工业学校（现横滨国立大学）攻读应用化学，与来自台湾地区的郭子春为同班同学，1932 年 3 月毕业。其间，妻子高静宜带着一双儿女也来到了东京与他团聚。

吴羹梅留学时就已抱定学成归国创办实业的目标，但具体办什么实业、怎么办，心里没底。考虑到自己的经济能力，就想到办铅笔厂，因为办铅笔厂资金较少，主要原料如木材、石墨、黏土等国内都有。铅笔用途广泛，而且我国人口众多，市场销售没有太大问题。

26 岁的吴羹梅在横滨高等工业学校毕业后，为学到制造铅笔的工艺知识，经

1929 年 3 月 25 日吴羹梅（学名吴鼎）东亚高等预备学校卒业证书

该校桥本重隆教授推荐，进入日本真崎大和铅笔株式会社（现为三菱铅笔株式会社）下属的神奈川颜色铅笔工场实习，学习铅笔加工工艺及技术，了解工厂经营管理。但该铅笔工场的关键技术，特别是制芯配方对外严格保密。吴羹梅尝试找到社长数原三郎请教，数原三郎却傲慢地说："办铅笔工业可不是一件容易的事，即使到你吴鼎二世，你们国内也不会办成铅笔厂生产出铅笔，还是买我们日本的铅笔吧。"这句话深深地刺痛了吴羹梅，也坚定了他创业的决心。在实习工场技术工人的帮助下，最终吴羹梅掌握了制作彩色铅芯及制杆、油漆等制造诀窍，为今后创业打下了基础。

艰难起步，筹资办厂

1933 年 11 月，吴羹梅回到上海后，与志趣相合的同窗郭子春一起邀请善于理财的常州同乡章伟士集资创办铅笔厂。为筹措资金，吴羹梅变卖了家乡房屋，确立"多多益善，少少无妨"筹资原则，发动亲朋好友认股投资，最终筹到 5 万元启动资金。筹资解决后，以勤俭办厂原则选择厂址，几经奔波，在上海南市靠近法租界的斜徐路找到一处生产厂房。与此同时，吴羹梅与郭子春一起经过反复试验，逐步攻克铅芯、铅笔板和油漆等方面的技术难关，具备了生产铅笔的条件，并从北平、武进老家等地招来工人、学徒及技术骨干。

经过多方筹备，1935 年 10 月 8 日，中国铅笔厂正式投产，月产量 2 万罗。董事会由国民政府上海市教育局局长潘公展任董事长，吴羹梅、章伟士等 6 人任董事，章伟士任经理，吴羹梅任协理兼厂长，郭子春任工程师主管全厂技术工作。

次年，经国民政府实业部批准定名为"中国标准国货铅笔厂股份有限公司"，1942 年改名为"中国标准铅笔厂股份有限公司"。20 世纪 30 年代，销往我国的洋货铅笔铺天盖地，国产铅笔想挤进文具市场绝非易事。为冲破舶来铅笔的垄断，吴羹梅采取了两大策略：一是主打低档产品，推出普通型飞机牌铅笔，以"200 号好学生"和"300 号小朋友"命名的低档产品，注重降低成本和价格，以价格优势打开了销路；二是吴羹梅顺应民众"抵制日货，提倡国货"的爱国情怀，将潘公展书写的"中国人用中国铅笔"打印在自产铅笔上，并结合航空救国的抗日救亡运动，推出以"500 号航空救国"命名的中档铅笔，深受国人欢迎，在市场上逐渐站稳脚跟。1937 年试制出高档绘图铅笔，吴羹梅特意取自己的名字"鼎"作为注册商标。另有从铅芯、笔杆到油漆，原材料完全国产的低档"No1 完全国货"铅笔投入市场。从此，结束了国人用洋货铅笔的历史。

迁徙山城，坚持生产

经过两年多苦心经营，铅笔厂已初具规模。1937 年"八一三"淞沪抗战爆发，吴羹梅基于民族大义决意内迁。1937 年 11 月首迁汉口，再迁宜昌，三迁重庆，迁徙数千里。每到一地，工厂均迅速投入紧张的生产，支援前方抗战。

几经波折，直到 1938 年 11 月，终于将铅笔厂搬迁到重庆，结束了颠沛流离的日子，定址菜园坝正式恢复生产。然而，由于当时的重庆内迁工厂大量涌入，电力供应严重不足，生产时断时续，只能艰难维持。1939 年至 1940 年间，工厂两次遭日机轰炸，正在车间现场的吴羹梅也因骨折住院，但他却吊着绷带回到厂里，指挥抢修与生产。1940 年，吴羹梅在接受《东方画报》记者舒少南采访时说："不能在前方流血，便应在后方努力生产。"

1939 年年底，吴羹梅由于与另两位创办人章伟士、郭子春在经营理念上发生分歧，经共同协商决定，重庆的中国标准铅笔厂由吴羹梅负责，章伟士、郭子春另在上海筹备新铅笔厂，双方划清各自持有的股份。从此，重庆厂与上海厂分道扬镳，各奔前程。

在重庆期间，吴羹梅乐于参加各种工商界组织的社团组织，从事有进步人士参加的社会活动，先后担任迁川工厂联合会与中国工业协会的常务理事兼总干事等社会职务。一系列的社会活动既拓展了他的视野和交际，也为自身企业的生存和发展创造了良好外部环境。在毛泽东亲临重庆进行国共和谈期间，他三次受到毛泽东的接见，聆听了周恩来关于"当前经济形势"的演讲，受到不少启发，从而使其人生道路发生重大转变。为了反对国民党破坏和平，重庆各界人士于 1946 年 11 月 19 日在西南实业大厦召开"各界人士反对内战联合大会"，吴羹梅为十人主席团之一。会议发表了致国民党政府呼吁停止内战的通电，吴羹梅在通电上列名。

1945 年抗战胜利后吴羹梅在重庆与迁川人员合影

从 1938 年 11 月迁到重庆，到 1945 年 8 月抗战胜利的 7 年间，铅笔厂共生产了 5100 余万支铅笔。为解决维修问题，增设了修机车间，不仅能维修破损严重的机器，还能制造全套的制笔机器。为了扩展产业链，吴羹梅先后创办协昌贸易公司、光华油漆厂、中和化工厂、中国标准锯木厂等配套工厂。为扩大生产销售，从 1937 年 1 月至 1948 年 1 月，陆续在汉口、重庆、贵阳、昆明、衡阳、西安、兰州等地设立办事处或发行所，依托各地的立足点，把这家抗战后方唯一铅笔制造厂的产品运往后方各地。吴羹梅还顶住压力为延安解放区送去了三卡车铅笔，有力地支援了全民抗战。吴羹梅这种实业救国的作为，得到越来越多的民众理解和尊敬，毛泽东主席亲切地称他为"铅笔大王"。

抗战胜利后，铅笔厂迅速回迁上海，原材料采购虽比重庆时容易，但竞争更为激烈。在抵御洋货铅笔倾销的同时，还需面对上海铅笔厂、长城铅笔厂两个强大的国内行业竞争对手。吴羹梅为站稳脚跟，把生产重点放在普通铅笔市场上，同时大力开辟另两家铅笔厂尚未深耕的华北市场，使"好学生"铅笔很快畅销于华北与东北地区，工厂一度呈现出蓬勃发展的势头。

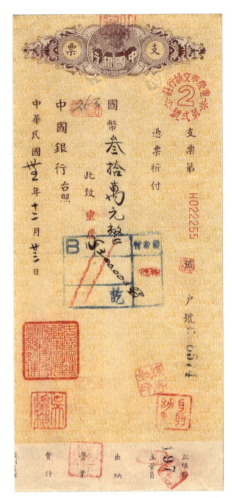

1945 年 12 月 23 日中国标准铅笔厂股份有限公司总经理吴羹美签发的中国银行支票

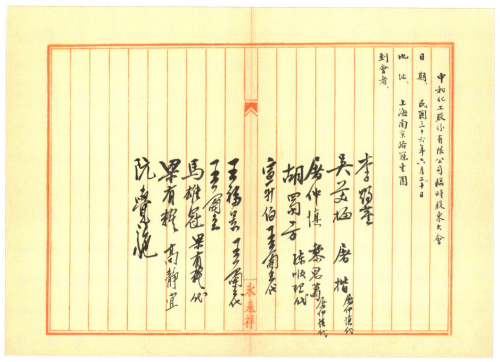

1947 年 6 月 20 日中和化工厂股东大会签到单

重获新生，参政议政

早在 1945 年冬，吴羹梅与黄炎培、胡厥文等人发起组织民主建国会，并被选为常务理事，协力推进会务，是中国民主建国会创始人之一。

1948 年年底，吴羹梅积极响应中共发布的"五一口号"，接受邀请参与新政协筹备工作，随后于 1949 年元旦，从上海携家眷秘密由广州绕道香港北上抵达北平。

1949 年 4 月 15 日，吴羹梅同黄炎培等民建负责人一起参加了毛泽东主席在北平香山双清别墅的聚餐座谈。座谈会上毛主席希望民建为接收和管理上海出谋划策。上海刚解放不久，吴羹梅就随黄炎培及其他工商界人士组成顾问团一起返回上海，为稳定上海经济，恢复工业生产而积极工作。其间，作为团长率领"民主东北参观团"一行 59 人赴东北解放区参观学习。

1949 年 9 月，吴羹梅作为全国工商界的 15 位代表之一，参加了全国政协筹备会议和第一次全体会议，参与制定共同纲领和建立中华人民共和国的工作。10 月

1 日登上天安门城楼参加开国盛典。一个来自国统区生产铅笔的中小工商业者，受到共产党如此厚遇，令吴羹梅感慨万千。

1949 年时的吴羹梅

同年 11 月中旬的一天，吴羹梅接统战部通知，毛主席要单独接见，他欣喜万分。毛主席在中南海紫云轩亲切询问了其工作和想法，吴羹梅毫无顾忌地畅所欲言，将此前曾托人带到西柏坡的有关公私、劳资关系的建议重述了一遍，并表示愿意在人民政府部门里工作。谈话结束之后，毛主席留吴羹梅在家里吃了一顿便餐。毛主席的亲切、坦荡和风趣给吴羹梅留下了深刻印象。中央人民政府成立后不久，他便被委任为政务院财经委员会委员兼中央私营企业局副局长。

中华人民共和国成立后，吴羹梅和他所创立的中国标准铅笔厂重获新生，进入全新发展阶段。他率先响应政府号召在内地建厂，与有关方面协商后，派出 10 余名技术员带着整套制笔设备前往哈尔滨设立哈尔滨中国标准铅笔公司。这是上海第一家私营企业与国营企业在内地公私合营建厂，在当时的上海引起轰动，随后也带动了上海铅笔厂投资设立上海铅笔厂北京分厂，长城铅笔厂投资设立天津铅笔厂，基本完成了铅笔行业走出上海，面向全国的均衡布局。

20 世纪 80 年代吴羹梅视察大连铅笔厂

1950 年 7 月，吴羹梅主动申请，其创办的中国标准铅笔厂在行业中率先实现公私合营。受此影响，1954 年 9 月，他受命回到上海主持铅笔行业的公私合营工作，10 月 1 日，公私合营中国标准铅笔厂与上海铅笔厂、长城铅笔厂三厂合营合并，成立公私合营中

1985 年 12 月晚年的吴羹梅与夫人高静宜

吴羹梅（1906-1990 年）

国铅笔公司，吴羹梅出任公司私方经理。"全国三笔会议"后，1955 年 6 月，上海制笔行业被批准全行业公私合营，吴羹梅被任命为上海制笔工业公司私方经理。1958 年 2 月，调回北京在民建中央工作。

吴羹梅作为全国政协常委、民主建国会和全国工商联常委，积极参政议政，尤其是对他所熟悉钟爱的制笔行业，进行了大量的调研，就我国制笔工业发展中出现的问题，如节约木材、加快活动铅笔研制等提出了许多建议和提案。在他与"金笔汤"汤蒂因女士等人的奔走呼吁下，1983 年 3 月中国制笔协会正式成立，吴羹梅不顾年老体弱抱病参加，并被推选为名誉会长。

铅笔世界：中国铅笔收藏与赏析

1983 年 3 月 25 日中国制笔协会成立大会合影（前左 11 为吴羹梅）

立大会留念 一九八三三于北京

1982 年 5 月，已经年逾七旬的吴羹梅参加全国政协访日代表团，重游了当年实习过的真崎大和铅笔株式会社（现为三菱铅笔株式会社）下属横滨事务所。当年该会社社长数原三郎之子，现任社长数原洋二和原实习工场场长益田三郎夫妇热情接待了他。吴羹梅掏出两支用新技术生产的"中华牌"细杆铅笔，对日方人员说道："我为我们的新产品作宣传来了，请大家赏光！"

1990 年 6 月，吴羹梅因病在北京去世，享年 84 岁。

铅笔生产技术专家郭子春

郭子春，原名郭振乾，1908年10月出生于台湾嘉义大林，祖籍福建龙溪，农家子弟，与妻子丁瑞云（日籍名字为御厨春子）育有一子三女，是一位在中国铅笔工业发展史上不可多得的铅笔生产技术权威。

1916年，郭子春入台湾嘉义大林小学求学，1922年3月转嘉义市高小，1925年1月去日本东京名教中学读书，1929年3月考入横滨高等工业学校（现横滨国立大学）攻读应用化学。他读书很用功，日文底子好，与中国"铅笔大王"吴羹梅同班同学，因该校只有两名中国留学生，他们合租了约12平方米的小房子，相互照应结为好友，一起吃住和学习，相互辅导对方的日语和中文。

1932年3月，郭子春从横滨高等工业学校毕业。同年秋，经人介绍在东京都藤田铅笔工场实习了三个月，其间掌握了黑铅芯的制造技术。

1934年秋，郭子春携从东京齿科学校毕业的日籍新婚妻子御厨春子来到上海，御厨春子父亲是日本人，母亲是中国台湾人，姓丁。在吴羹梅建议下，郭振乾取用妻子春子的名字倒用，改名为郭子春；妻子御厨春子用母姓，改名为丁瑞云。在上海定居后，曾短暂在上海中华学艺社任干事，在上海暨南大学和上海法政学院任日文教师。其间作为主笔与吴羹梅共同翻译《化学的故事》《中等化学问题详解》，向《学艺》杂志社投稿，赚取稿费维持生计。

郭子春与吴羹梅合译
的部分日文书籍

1930年日本横滨高等工业学校读书时的郭子春（后排左），后排右为吴羹梅，前排为郭耀。

之后郭子春受大学同学吴羹梅邀请，与章伟士三人一起筹建铅笔厂。1934年冬，郭子春随吴羹梅赴日，轻车熟路，较顺利地向昭和铅笔机械厂订购到制造铅笔的全套机器设备及工具。

1935年10月中国铅笔厂开工后，郭子春任工程师。铅笔厂开工半年后，开始使用自己制造的铅芯，成为中国第一家自己能够制造铅芯和笔杆的全能铅笔厂。在此过程中，负责全厂技术工作的郭子春作出了重要贡献。

1937年"八一三"淞沪抗战爆发，为了不愿让苦心创立的工厂陷入敌手，郭子春毅然决定随中国标准国货铅笔厂（中国铅笔厂改名）离沪迁汉口、宜昌，再迁往重庆。在西迁过程中，郭子春是工厂拆卸机器设备的总负责人，每到一地，均迅速卸装机器投入紧张而短暂的生产，全力以赴，支援抗战。历时近一年到达重庆，完成了全部机器设备的重装工作。而丁瑞云则留守上海办事处，负责处理内迁后的遗留问题。

因战时重庆各方面条件艰苦，铅笔生产销售亦大不如以前，随时有破产的风险，加上郭子春妻子丁瑞云仍留在上海，夫妻分居两地，章伟士和郭子春萌生了离开重庆重回上海办厂的想法。而吴羹梅则想留在重庆继续生产，遂产生分歧，经过协商，决定重庆的中国标准铅笔厂由吴羹梅负责，章伟士、郭子春则回上海筹备新铅笔厂，双方划清各自持有的股份。1939年7月开始筹建，1940年年初郭子春绕道香港返沪，同年3月，上海铅笔厂选址原徐家汇路 324 号（现徐家汇路 548 号）开工生产，郭子春任董事、协理兼总工程师。

因为有过在中国标准铅笔厂采购和装卸机器设备的经验，当时上海铅笔厂制造铅笔的机器设备全由郭子春亲自设计，并向晶华玻璃厂机器部和兴华铁工厂定制。之后不断改进和添置设备，铅笔产量和质量不断扩大和提高。由郭子春牵头着手研制生产了 300 型 HB 普通铅笔、330 型 HB、2B、4B、6B 圆杆中级铅笔、333 型 6B-HB-4H 黄六角杆铅笔、339 型大橡皮头铅笔、324 型蓝杆黑顶绘图铅笔、369 型红蓝、全红、全蓝铅笔、345 型拷贝铅笔、3240 型绘图铅笔等，因为铅芯质量过硬、价廉物美，很快就受到经销商和民众的欢迎，创立了商业信誉而畅销于上海文具市场。

1945 年抗战胜利后，上海铅笔厂创始人章伟士由渝返沪召集董监事联席会议，于翌年 1 月恢复生产。为了扩大生产，急需制造铅笔的木材，得知国民政府要标卖接收台湾的敌产——日资高砂铅笔厂，郭子春同章伟士亲赴台湾洽谈标购成功。此后利用台湾地区丰富的桧木资源就地取材，建立上海铅笔厂台湾分厂，生产的铅笔除在台湾本地销售外，还运至上海经销。1947 年坐落在台北市重庆南路 318 号的上海铅笔厂股份有限公司台湾分公司成立，郭子春兼任分公司经理。

上海铅笔厂在建立上海铅笔厂台湾分厂后，决定成立总公司，即上海铅笔厂股份有限公司。经过增资改组后，常务董事章伟士担任总经理，郭子春任协理兼总工程师。当时国民政府无力阻止美国铅笔泛滥于中国文具市场，同时又实行经济管制和发行金圆券等，在多重压力下，铅笔厂经营困难，无力回天，1948 年年底不得不停工。

上海解放后，上海铅笔厂召集原先遣散职工迅速复工。在吴羹梅将中国标准铅笔厂迁回上海后，中国早期的三家骨干铅笔厂巨头齐聚上海，迎来了经营发展的春天。上海铅笔厂响应国家号召，9 月由郭子春同章伟士、孔汉布联袂北上，会同在天津的常务董事王汰甄，选址在北京西郊海淀区设立上海铅笔厂北京分厂，后改名为北京三星铅笔厂，扩大了"三星"牌铅笔在华北、东北和西北等地区的市场和影响力，郭子春被北京市地方工业局聘为顾问工程师。

从 20 世纪 50 年代开始，为满足市场需求，郭子春率领铅笔厂技术人员，相继试制成功各种铅笔新产品：36 特种铅笔、3600 彩色铅笔（分 6 色、12 色、18 色、24 色）、5410 晒图铅笔、5627 碳素铅笔、5712 大六角杆红蓝铅笔、585 青莲变色铅笔、6151 高级抽条橡皮头铅笔、变色测温笔、化妆眉笔、照相簿用铅笔、黑（棕）

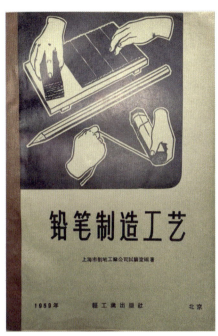

《铅笔制造工艺》1959年11月初版

炭精条等品种。多项铅笔产品填补了国内空白。

随着经济和文化教育事业发展，对铅笔的需求迅速增加，国家先后在哈尔滨、天津、济南、蚌埠、福州、沈阳、长沙、梧州等城市创建了铅笔厂。1954年至1959年期间，郭子春受轻工业部委派，前往全国各地新建铅笔厂进行巡回技术指导和工艺改进，同时在上海的中国铅笔一厂、中国铅笔二厂设立培训点，让全国各地新办铅笔厂家的技术人员集中培训和实习，这两种方法的推行，使我国铅笔的整体产品质量得到了较大提升。

1954年10月公私合营中国标准铅笔厂、上海铅笔厂、长城铅笔厂合并成立公私合营中国铅笔公司，郭子春任技术室主任、工程师。1956年4月调任上海市制笔工业公司铅笔科科长，翌年改任试验室工程师。1961年调回中国铅笔二厂任副厂长兼工程师，1956年曾被评为上海市轻工业局先进工作者。

值得一提的是，从1955年起在轻工业部制笔科科长于庆祥指导下，郭子春与上海市制笔工业公司及所属三家铅笔厂的其他技术人员，就有关铅笔技术工艺方面的资料和规定进行了较系统的整理和规范，对制造铅笔的主要原料、工艺操作和验收方式等方面的具体要求，制定了《铅笔生产工艺操作要点》，为之后轻工业部正式颁发首部《铅笔国家标准》奠定了基础。

1958年在轻工业部组织下，郭子春作为主编倾其心血，以上海市制笔工业公司试验室及所属三家铅笔厂的技术人员为班底，会同铅笔行业其他专业人员，对铅笔的制造工艺过程和操作原理、配方设计、机器设备、主要原材料的性能作用等方面进行系统整理，共同编制《铅笔制造工艺》一书，1959年11月由轻工业出版社出版，这是我国第一本全面系统介绍有关铅笔生产技术的专业书籍。

1954年至1961年期间，郭子春发挥自己的技术特长，为来我国实习的越南、朝鲜等国同行编写讲义、讲课及技术指导。并先后将日文的自来水、圆珠笔、铅笔等技术资料译成中文，翻译日文出版物《黏土电泳处理法》，对国内制笔技术向更高水平发展起到一定的推动作用。

从20世纪50年代末开始，郭子春发挥自己在日本学习应用化工专业的特长，在石墨铅芯配方方面开发出7B、8B特软铅笔，碳画铅笔与水彩粉彩笔，照相簿用铅笔，用于在皮革、玻璃、金属、建筑等书写的特种铅笔，以及眉笔等铅笔芯；试制成功铅笔用快干胶；首创高级圆珠笔油墨，在部分质量指标上赶超美国派克。

1978年，郭子春当选为中国轻工协会理事，1979年加入台湾民主自治同盟，1980年当选为上海市徐汇区人民代表，同年任上海市工商联六届常委。

1981年4月16日，郭子春因患肺癌在上海去世，享年72岁。

郭子春（1908—1981年）

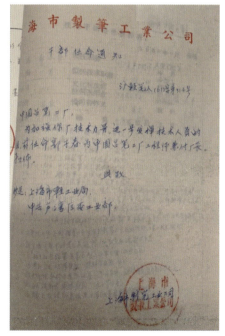

1961年郭子春担任中国铅笔二厂副厂长的任命书

长城铅笔厂创始人张大煜

张大煜，江苏江阴长泾镇人，1906年1月出生。著名物理、化学家，中国科学院院士，中国催化科学的先驱者之一，长城铅笔厂主要创始人。

张大煜中学毕业后，考入南开大学，后转学清华大学第一届大学班。1926年，张大煜和清华大学、中央大学、交通大学等校学生发起组成大地社，他们经常探讨如何"科学救国""工业救国"，并多次参加学生运动。他曾两次被学校开除。

1929年，张大煜从清华大学毕业并公费留学德国，赴德国德累斯顿大学学习胶体与表面化学。1933年，张大煜获得工业化学博士（工学）学位后回国，重返清华大学任化工系主任，后随清华师生南迁昆明，任西南联大、交通大学教授。

1935年，在清华大学任教的张大煜有感于清华师生以及北平中小学生使用的铅笔全是进口洋货的现状，抱着"科学救国，工业救国"之志向，决定邀请赵忠尧、刘云浦、施汝为等几位志同道合的大学教授和科技界专家学者共同创建属于中国人自己的铅笔厂，实现国货自强的目标。他们各自拿出积攒多年的稿费、讲课费等，并在亲朋好友之中筹集资金以作创建铅笔厂之用，最终共筹得大洋2000余元，并委请当时在清华大学实验工场任职的郭志明、郑介春两人具体筹备建厂。他们从德国进口了制芯机等铅笔生产关键设备，明确分工。教化学的张大煜负责试制笔芯配方，他凭着一腔爱国热情和扎实的专业知识，克服了种种困难，开始在北平试制铅笔芯，拿出了满意的铅笔芯小样。

1937年6月，由张大煜担任董事长的上海长城铅笔厂股份有限公司（简称"长城厂"）在上海劳勃生路323号（现为长寿路635号）挂牌开业。

1939年6月，张大煜等人向国民政府经济部商标局申请注册"鹰"牌和"长城"牌商标。

1941年下半年，长城铅笔厂进行改组成立第二届董事会，张大煜由董事长转为董事，继续为工厂的生产提供技术支持。

1937年抗战爆发，张大煜从北平搬至长沙，又从长沙辗转至昆明，在国立西南联大任教并兼任中央研究院化学所研究员。1945年抗战胜利后，张大煜从昆明来到上海，担任交通大学教授并兼任北平清华大学化工系主任，在极端困难的条件下，坚持开展了一些研究工作。

1948 年年底，张大煜经上海地下党负责人介绍离开上海，绕道香港和朝鲜，于 1949 年年初到达大连。张大煜来到大连即刻投身于新中国的建设事业。抱着"国之所需，科研所向"的初衷，成为中国科学院大连化学物理研究所、兰州化学物理研究所、山西煤炭化学研究所的创始人。

1954 年 9 月，由张大煜创办的长城铅笔厂响应国家号召，和公私合营中国标准铅笔厂、上海铅笔厂携手，共同与上海市地方工业局签订《合营合并协议书》。10 月 1 日公私合营中国铅笔公司成立，长城铅笔厂改名为公私合营中国铅笔公司三厂。1956 年 1 月起，整体并入公私合营中国铅笔公司一厂。该厂所持有的"长城"商标所有权也随之转移。

1955 年张大煜选聘为中国科学院学部委员，1963 年当选中国化学会副理事长。

张大煜作为旧知识分子的代表，在民族危难时期创办民族铅笔实业，为摆脱外货文具的垄断，积极发展民族工业生产，实现国货自强作出了重要贡献。

1989 年 2 月 20 日，张大煜因病去世，享年 83 岁。

张大煜（1906—1989 年）

晚年的张大煜在工作

行业经营管理全才章伟士

章伟士，1897 年出生，江苏常州武进人。早年毕业于北平财商学院，主攻经济，毕业后即在老家常州永成信记染织厂担任总稽核。他善经营，精于财务。

1934 年接受武进同乡吴羹梅邀请加入筹建中国铅笔厂。同年 7 月 7 日，作为投资人参加在上海八仙桥青年会召开的筹建中国铅笔厂第一次发起人会议，议定厂名为"中国铅笔厂股份有限公司"。资本额银币 5 万元，发起人会议委派章伟士、吴羹梅主持筹建。

同年 7 月 25 日，由章伟士出面具呈国民政府实业部商标局，申请注册"飞机"牌和"鼎"牌商标专用权。至 1936 年 5 月 6 日，国民政府实业部商标局正式颁发"鼎"牌、"飞机"牌商标注册证核准在案。

1935 年 3 月，中国铅笔厂在靠近法租界租赁的上海斜徐路 1176 号厂房竣工投产，在 10 月 8 日举行开幕庆典，对外正式生产经营，章伟士负责工厂的日常经营管理。1936 年 12 月底，公司更名为"中国标准国货铅笔厂股份有限公司"。

1936 年 2 月 16 日，在召开的中国铅笔厂第二次发起人会议上，选举出第一届董事 7 人、监事 2 人，推选时任国民政府上海市教育局局长潘公展为董事长，章伟士、吴羹梅等其他 6 人为董事。在随后召开的第一届董监事联席会议上决议，聘请董事章伟士为经理兼会计科长，董事吴羹梅为协理兼厂长，郭子春为副厂长兼工务科长。

1936 年 10 月 8 日纪念中国铅笔厂建厂一周年，全厂同仁合影（二排左七起依次为吴羹梅、章伟士、郭子春）

1937 年抗战爆发，章伟士随工厂迁至重庆，选址购置重庆菜园坝正街 15 号博全福堂房产作为厂址，安装调试机器。1939 年 6 月，重庆厂复工生产，为当时抗战大后方唯一的一家铅笔制造厂。这时期章伟士丰富的经营管理才能得以充分体现，先后成立华北办事处、汉口办事处及重庆发行所、贵阳发行所、衡阳发行所、昆明发行所、西安发行所、兰州发行所等，开疆扩土拓展市场，把铅笔销往后方各地。此外，章伟士还在吴羹梅创办的协昌贸易公司兼任总经理，同时兼任光华油漆制造厂总经理。

1939 年 10 月 24 日，召开第二次股东大会，选举出第二届董事 9 人，第三届监事 3 人，董事长仍由潘公展担任，章伟士担任董事兼总经理。

之后吴羹梅与章伟士、郭子春三位创办人因在工厂经营发展理念上的不同，最终分道扬镳。章伟士与郭子春决定回上海筹备另新建铅笔厂，1940 年 1 月郭子春先期回到上海与其妻子丁瑞云一起筹备，章伟士则坐镇重庆遥控指挥。1940 年 3 月上海铅笔厂正式开工，经中国标准铅笔厂许可，生产"鼎"牌、"飞机"牌国货铅笔，另注册了"三星"牌、"五星"牌商标。章伟士担任上海铅笔厂常务董事兼总经理，开启新的创业之路。上海铅笔厂在章伟士、郭子春两位创办人的经营管理下，生产出 HB、绘图、拷贝等多种中高档铅笔和"双狮"牌蜡笔，挤进竞争激烈的上海文具市场，因品质精良、价格合理，深受国人喜爱，生产和销售呈现良好

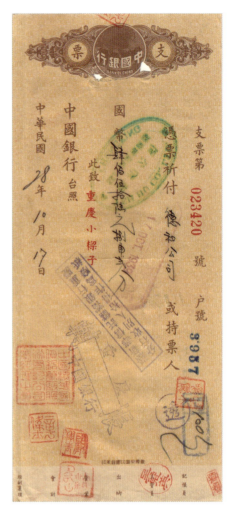

1939 年 10 月 17 日中国标准国货铅笔厂股份有限公司总经理章伟士签发的中国银行支票

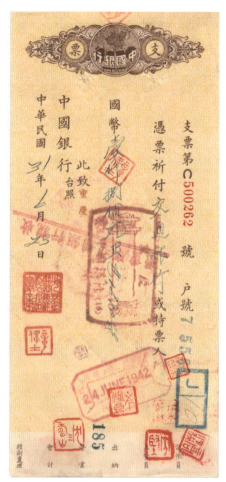

1942 年 6 月 23 日光华油漆制造厂总经理
章伟士签发的中国银行支票

的发展前景。

1940 年年底，章伟士辞去重庆中国标准国货铅笔公司总经理职务，专注于上海铅笔厂和光华油漆制造厂的经营管理。

1945 年抗战胜利后，当时上海铅笔厂获悉台湾地区的高砂铅笔厂拟拍卖，因台湾地区的桧木资源丰富，材质符合制造铅笔的技术要求，章伟士和郭子春决定联袂去台洽谈，最终在与中国标准铅笔厂的竞争中胜出，标购该厂在台北市板桥镇的全部厂房和生产设备，上海铅笔厂台湾分厂得以开工生产，产品除一部分在当地销售外，其余装运上海销售，扩大了生产能力。

1947 年 11 月，在上海铅笔厂（本部）、上海铅笔厂台湾分厂基础上扩大资本，成立总公司即上海铅笔厂股份有限公司，章伟士以常务理事的身份兼任总经理。

1949 年上海解放后，章伟士等投资人响应人民政府号召，决定在北京选址设立上海铅笔厂北京分厂，销售市场进一步向北方扩展。

1954 年 10 月 1 日，中国标准铅笔厂、上海铅笔厂、长城铅笔厂三家企业在上海市人民政府地方工业局主持下，合并成立公私合营中国铅笔公司，章伟士担任私方副经理。

之后因身体原因，加之年龄偏大，章伟士逐渐淡出铅笔行业的经营管理，1978 年在上海去世，享年 81 岁。

铅笔机械制造先驱郭志明

　　郭志明，1908 年出生于江苏崇明（今属上海市）沈家湾镇，其父郭洪才在竖河镇上曾开设中药铺，家境较好。1913 年五岁的郭志明进颂平乡小学读书，1919 年小学毕业后，考入崇明县立农业学校，1923 年农校毕业即来到上海，进入当时江湾镇的上海模范工厂机械班工读。

　　1927 年 5 月，国民政府在上海创办了第一所国立大学——"国立劳动大学"，该大学是以当时上海模范工厂为基地创立的，郭志明以国立劳动大学劳工学院机械系的学历顺利毕业。同年 7 月回到故乡崇明，任裕生碾米厂机械师。1930 年离职重回上海谋生，在建设铁工厂任工程师。

　　1935 年 4 月，经在国立中央研究院的同乡施汝为介绍，去北平清华大学物理系实验工场任实习技师。因郭志明学历较高，人又聪慧，动手能力强，同年受到清华大学教授张大煜的邀请，与同在实验工场的郑介春两人一起在北平具体负责筹建长城铅笔厂。因受华北时局告变，1936 年工厂移至上海劳勃生路 323 号（现长寿路 635 号）继续筹建，被委任为工程师，主管开工事宜。

　　1937 年 6 月，在郭志明、郑介春等人的努力筹建下，长城铅笔厂股份有限公司成立，郭志明担任工程师，并从崇明老家招募了一批职工。这批以郭惠民为代表的崇明籍职工为长城铅笔厂的创建发挥了骨干作用，后来也成为中国铅笔工业发展中的一支重要生力军。1941 年 7 月，长城铅笔厂遭受火灾，生产原材料和成品尽毁。又值日军侵占上海，租界成"孤岛"，百业萧条。危难之中，郭志明同年 12 月出任长城铅笔厂厂长，生产时断时续，惨淡经营。为补充生产资金，1943 年郭志明又与郑介春出资开办光辉工业社，生产学生蜡笔等文具用品以求生路。

　　1945 年抗日战争胜利后，郭志明在长城铅笔厂新入股主要出资人张季言的支持下重作规划，全面恢复铅笔生产。面对当时以美国黄杆铅笔为首的洋货铅笔在中国市场肆意倾销的局面，郭志明带领铅笔厂技术人员攻坚克难，开发出一款类似于美国"鹰"牌黄杆橡皮头铅笔，打印上以长城铅笔厂注册的"鹰"牌商标投放市场，又从德国进口数台制杆设备扩大生产规模，参与竞争，很快站稳脚跟并赢得市场赞誉。

　　郭志明的另一特长就是动手能力强，他在虹口宝安路创建大明铁工厂，自任经理，聘请同乡郭育才为厂长，发挥两人的技术专长，独立自行设计并生产各种铅笔制造配套机械与辅助设备。当时由于铅笔装铜箍以及橡皮头都依靠手工操作，难以扩大量产，郭志明独立构思，设计完成了"铅笔装橡皮头机"，并由大明铁工厂试制成功。这是中国第一台自制的铅笔制造设备，极大地提高了橡皮头铅笔的生产能力。铅笔装橡皮头机因此被推广到国内整个铅笔行业，郭志明也从此入门，成为中国早期的铅笔机械制造行业先驱者之一。

1950年，郭志明当选为上海市文教用品工业同业公会执行委员、技术委员会主任，铅笔同业组组长，积极参加行业自治活动。

1954年10月1日，长城铅笔厂与中国标准铅笔厂、上海铅笔厂合并成立公私合营中国铅笔公司，郭志明任中国铅笔公司三厂私方副经理。1955年4月调任中国铅笔公司任副经理。

郭志明在1957年出任上海市制笔工业公司工程师。他恪尽职守，全力发挥技术特长，参与了第一次全国"三笔"会议筹备工作。1959年在轻工业部组织领导下，与郭子春一起主持起草了《铅笔国家标准》草案和《铅笔生产工艺操作要点》，对制造铅笔的主要原材料、工艺操作、验收方法等内容都制订出了具体规定。1958年中国首部《铅笔国家标准》正式颁布，为铅笔工业的发展和技术进步奠定了基础。

郭志明作为民建成员，在1961年9月起从政，曾任上海市虹口区第四、第五届副区长，上海市第三、第四、第五届人大代表，上海市第五届政协委员，上海市工商联常委，并在黄浦区人大、虹口区人大、虹口区政协、虹口区工商联任职。

1980年12月18日，郭志明在上海去世，享年72岁。

郭志明（1908—1980年）

铅笔的主要分类

木制铅笔分类

按特性和用途分类

按笔杆材质分类

按定制用途分类

活动铅笔分类

木制铅笔分类

按特性和用途分类

石墨铅笔

这类铅笔的铅芯主要是以石墨和黏土为主，另加其他辅助材料制成的黑铅芯铅笔。其特点是书写流畅、痕迹清晰、耐用性强。根据不同的用途，分为以下两种：

1. 书写用石墨铅笔。可供一般书写、制图、复写用。笔芯的软硬浓淡适中，以 HB 为主，比较典型的有中华牌 6151 高级橡皮头铅笔、金鱼牌 6400 高级橡皮头铅笔、鹿牌 861 橡皮头铅笔等。

2. 绘图用石墨铅笔。可供绘图、绘画等使用。如学生学习美术画图用的 2B、4B、6B 一类的软质铅笔，而 6B 铅笔则有时需要加入少量的碳黑或其他辅助材料，所以写出的字迹较黑且浓。

日本制迷你型石墨铅笔

彩色铅笔

彩色铅笔铅芯不同于石墨铅笔仅为单一黑色，它分为多种色彩，铅芯主要是由色料、黏土、外加滑石粉、油脂和树胶等制成。彩色铅笔用于绘图、绘画、标志符号等使用。其制造方法与石墨铅笔基本相同，比石墨铅芯少了一道高温烧结工序，铅芯的硬度一般约相当于石墨铅芯 B–5B。

彩色铅笔分红蓝铅笔和多色彩铅笔。红蓝铅笔亦可细分为全红铅笔、全蓝铅笔和红蓝铅笔，主要是供学习或在书本、文件上作标记符号等使用，笔杆通常为圆杆，也有六角杆；另有各种成套的多色彩铅笔，称之为彩色铅笔，用于绘画与绘图等用途。每套彩色铅笔按色彩数量不同，分为六色、十二色、十八色、二十四色、三十六色、四十八色、六十色、七十二色铅笔，目前最高可达 520 色。国内比较典型的有：三星牌 3600 彩色铅笔、马可牌 7100 彩色铅笔等。

彩色铅笔最早是由英国人托马斯·贝克威思发明的，并在 1781 年申请了专利。

另外，由于彩色铅笔铅芯中不用石墨，所以黑色的颜色铅笔，书写感不同于石墨铅笔，不能代替石墨铅笔使用。

日本有一家名叫芬理希梦（Felissimo）的公司，在 1992 年生产出一套色彩数量细分成 500 色之多的彩色铅笔，堪称世界之最，而 500 色的彩色铅芯，据说曾由我国济南铅笔厂代加工生产过。这套彩色铅笔的命名富有诗意，也很浪漫，如"黑樱桃派""香草的伞""长古寺的牡丹""马德里的桑格利亚汽酒""黑醋栗苏打的诱惑""消融的雪水与报春花"等。

芬理希梦 500 色彩铅

特种专用铅笔

不属于以上两类，采用其他成分组成铅芯的铅笔，在各种领域有不同的用途。命名按用途来区分。

1. 变色铅笔

又称拷贝铅笔或复写铅笔。铅芯内含有耐晒青莲色染料，在书写时为石墨黑色，遇到水分即能显出其所用染料之色，字迹不能被擦除，日久亦不易褪色，因而可用于记载长期保存的重要文件或发票证券以及测绘制图时使用。一般以青莲变色铅笔为最多，亦有红、蓝、绿、黄颜色等多色。拷贝铅笔铅芯较硬，可用于多层复写。

变色铅笔的硬度分四级，即硬、中、软及特硬质，色泽亦随之而异。

2. 特种铅笔

主要用途是能在皮革、玻璃、金属、瓷器、塑料等光滑表面书写或作标记，广泛应用于工业、医疗、国防、勘探等方面。一般的以白、红、黑等为主，除此之外也有桃色、橘黄、淡黄、紫绛、深绿、淡绿、深蓝、紫色等特种铅笔。

变色铅笔、特种铅笔

各种品牌木工铅笔

红蓝铅笔

3. 晒图铅笔

又称描图铅笔，日本称为感光纸用铅笔。因为铅芯中添加能遮光的染料，比硬度相同的绘图铅笔更具遮光性，所绘图纸一次成型，不需再加盖墨线。铅芯硬度分硬、中、软三档。

4. 木工铅笔

是专供木工在划线时使用，铅芯断面为长方形，削成扁鸭嘴形，其划线清晰、浓度适宜，笔杆形状制成椭圆形，较一般铅笔略粗，防止滚落，笔杆有一定强度。

5. 碳画铅笔

又称碳素铅笔、木碳铅笔。用于绘制木炭画、速写描绘或油画打底之用。采用木炭粉、炭黑及黏土制成铅芯，其特点是手感舒适，色泽浓黑，容易擦涂，不含油蜡。

6. 水溶彩色铅笔

和普通彩色铅笔不同之处，在于铅芯中使用水溶性染料，铅芯沾水时会像水彩颜料一样，加以涂抹会产生出晕染的效果。用于照片着色、写生、绘图等，色彩一般有72种之多，但不适合用于耐久性作品的绘制。

7. 粉彩铅笔

供画家们绘画用，颜色种类从六种到几十种，其特点是铅芯中不含油脂和蜡类，其硬度及书写手感类似粉笔。

8. 化妆笔

供面部美容、演员化妆或医生用于皮肤标志的专用铅笔。主要有眉笔、睫毛笔、眼影笔、口红笔、唇膏笔、唇线笔、粉底笔、染指甲笔和系列化妆套装笔等。

9. 速记铅笔

专门用于笔势倾斜和横行斜米字形或椭圆形体系速记法记录书写用的铅笔，适用于会议记录、课堂笔记、采访记录等速记或记录场合使用，保障书写流畅、线条清晰。

10. 测温笔

是根据化学元素周期表中的金属元素会在不同温度下变色的原理制作而成。根据这一原理制成的测温铅笔被用来代替工业上的测温仪器且使用上更简捷。它采用直接挤出成型，然后再用印刷卷纸包裹外面，包装盒内附上随温度变色对照色卡，说明某种颜色在多少温度下的变色，直观表达清楚测试温度。

其他的还有修相铅笔、裁剪铅笔、屠宰铅笔等。

蓓蕾牌眉笔

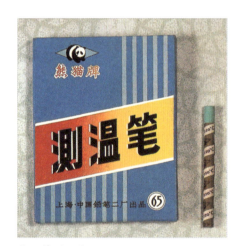

熊猫牌测温笔

按笔杆材质分类

木制铅笔

木杆铅笔是一种使用木材作为笔杆，内含石墨笔芯的书写工具。木杆铅笔的原材料包括木材、石墨和黏土。木杆铅笔的种类多样，按笔杆形状可分为圆杆、六角杆、三角杆、八角杆、方杆、短杆、细杆、麻杆等。因其质地舒适、不易滑落，且笔芯硬度适中，适合考试涂卡和日常书写。

纸杆铅笔

利用废旧的书报、廉价纸张或纸浆等作为原材料，加胶合剂合成铅笔笔杆做成的环保型铅笔。其特点是容易卷削、不偏芯、不易断芯、耐水性强、材料成本低。根据原材料和加工方法的不同，又分为纸卷铅笔、纸撕铅笔、纸浆板铅笔等。

1. 纸卷铅笔
以旧报纸或再生纸等纸张作为原料，裁切成规定尺寸的纸片，均匀涂布胶黏剂，放置铅芯，在卷杆成型机上卷杆，再套塑收缩分别成型为圆柱形或椭圆柱形，再经传统工序加工成铅笔。

2. 纸撕铅笔
是用特制的再生纸，卷紧铅芯至规定尺寸，切头、涂漆印花、打印标记即可。

3. 纸浆板铅笔
先把纸浆按特定工艺压制成铅笔板，代替传统铅笔板，在原有的铅笔生产线流水上即可制造铅笔。

无木铅笔

　　无木铅笔是指不需要木材，就具有铅笔使用功能的铅笔，一般是指用整支铅芯，表面涂油漆或者套膜，可以手持写字，因为不用使用木材，所以更加环保节能。分石墨无木铅笔、彩色无木铅笔、水溶无木铅笔、碳化无木铅笔几大类别。

纸撕铅笔

全塑铅笔

　　又称钙塑铅笔，用塑胶代替木材加工挤出成型笔杆，夹嵌非传统的石墨铅芯或彩色铅笔，可制成石墨或彩色塑料铅笔。主要工艺是将石墨或各种彩色着色材料，选用塑料树脂等高分子聚合物，挤出成型树脂铅芯，笔杆则用热塑性塑料等高分子材料，再添加发泡剂同树脂铅芯一起经模具复合加工，一次挤出成型的化工产品，被称为树脂塑料铅笔。

全塑铅笔

竹杆铅笔

2020年，在国内出现了用竹制铅笔杆代替木制铅笔杆制成的产品，并已完成中试生产，实现了年产5000万支铅笔的产能。随着木材原料的逐渐匮乏，未来竹制铅笔也许会成为新的铅笔杆的替代产品。

新一代纯竹制铅笔

按定制用途分类

    20 世纪 30 年代，从中国国货铅笔诞生的时期开始，除了在铅笔木杆上打印制造厂名或其简称、注册商标、型号、硬度符号及其他规定的标记之外，有些还会在铅笔木杆表面，打印特定文字或图案，以表示有关纪念、宣传等特殊的用途。这种打印带有特殊文字和图案的定制铅笔，从一个侧面反映出特定时期所处时代的政治、经济、企业自身文化等印记，因生产量少，受到许多铅笔收藏爱好者的追捧和喜爱。大致分为以下几类：

1. 会议类
    一般为纪念国内外各种具有特定意义的会议举办而定制的铅笔，如"中华人民共和国第一次全国人民代表大会第一次会议""中国共产党第十二次全国代表大会""中国科学院院士大会"等。

定制的人民代表大会用笔

定制的会议类纪念铅笔

带向日葵图案的人民大
会堂专用全红铅笔

2. 纪念类

一般为反映某项社会重大活动的举办、纪念重要历史事件或纪念历史人物而定制的铅笔，如："全国科学大会""毛主席纪念堂"等。

3. 机构定制类

机关、社会团体、企事业单位，为扩大自身影响力，树立良好社会形象，通常会定制打印含有单位名称或标识（LOGO）的铅笔。如"中国民主同盟中央委员会""宁夏回族自治区革命委员会""新民印书馆""申报""清华大学""钓鱼台国宾馆"等。

4. 企业广告类

为宣传企业自身产品，作为一种促销手段，以赠品形式出现的铅笔。如"美庆皮革公司－鹿头牌皮带""绍昌洋行""益新教育用品社""元德楼上海五洲商行经理"等。

5. 其他类

结合特定形势需要而定制的铅笔。如"自力更生，奋发图强"等。

中华人民共和国成立后，我国历任国家领导人，大多偏爱使用红蓝铅笔或石墨铅笔，修改文稿或在文稿上作记号，这种铅笔笔杆大多是六角杆，比一般铅笔略粗，笔芯硬度在6B-8B之间，俗称中六角或大六角。

从1968年开始，中国铅笔一厂、二厂接受特定任务，为中直机关定制8128型中六角杆红蓝铅笔和石墨铅笔为蓝本的定制铅笔，此后一直作为中直机关定制生产人民大会堂、中南海等中央党政机关及各种重大会议的专用铅笔定点生产企业。

特定时期宣传铅笔

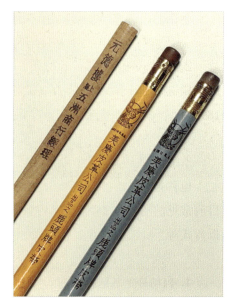

民国企业广告铅笔

活动铅笔分类

活动铅笔，又称自动铅笔或机械铅笔，是在笔杆内利用机械结构来夹紧铅芯，依靠人工揿动机械结构来推进铅芯，使铅芯裸露来进行书写的铅笔。目前活动铅笔已成为一种新型书写工具，其特点是：结构新颖、不用卷削（细芯）、便于携带，使用场景更为广泛、更有效率。

活动铅笔有以下几种分类：

按铅芯直径分

以 0.9mm 为界，分为粗芯活动铅笔（芯径大于 0.9mm）与细芯活动铅笔（芯径小于等于 0.9mm）。

按出芯结构与方式分

1. 坠芯式活动铅笔

靠铅芯重力自动出铅芯。2mm 及以上粗芯活动铅笔一般采用这种出芯方式。

2. 旋转式活动铅笔

铅芯随螺旋状机芯回转进出，也是出现较早的一种出芯方式。最早出现于 1895 年。

3. 脉动式活动铅笔

也称揿动式、渐进式活动铅笔。揿动揿头或其他部件使铅芯脉动出芯，这是目前常见的活动铅笔结构，在其基础上有许多衍生结构类型，如揿套式、旁揿式、折弯式等。

4. 自动补偿式活动铅笔

利用书写时的压力，自动补偿连续出芯。

5. 前压式活动铅笔

通过按压笔尖出芯，出芯后可转为自动补偿式活动铅笔。

顶出式和给进式活动铅笔，一般有自动补偿式和前压式活动铅笔，采用揿头式、揿套式、旁揿式、甩动式、折弯式等方式。最近，市场上又出现铅芯自转式、铅芯防断式等新颖活动铅笔。

我国从 20 世纪 60 年代后期开始，开展活动铅笔的研制，经历了从坠芯式、旋转式、揿压式发展到脉动式的过程。上海的中国铅笔二厂作为国内最早试制活动铅笔的厂家，在 1967 年试制成功第一代"三星"牌 101 型 2mm 塑料杆旋转式活动铅笔；1976 年又试制成功 105 型塑料杆揿压式活动铅笔（不锈钢材质笔爪），并批量投入生产。

三星牌 101 旋转式、104 揿动式、105 揿动式活动铅笔

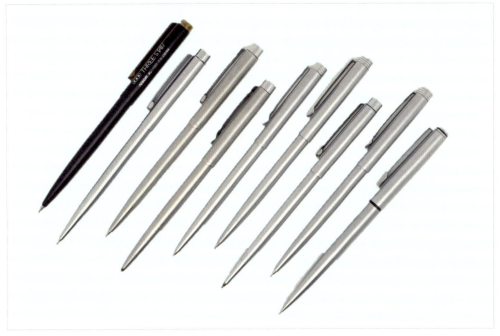

三星牌 700 高级活动铅笔

随着木材资源的持续紧张和环保意识的逐步加强，为顺应时代潮流，谋求"以塑代木"，在"铅笔大王"吴羹梅等全国政协常委的呼吁下，1979 年中国铅笔二厂成立试制小组，选择结构合理、易于批量生产、使用携带方便的脉动式细芯活动铅笔，自主引进相关技术，试制出新一代"三星"牌 700 型全钢脉动式高级细芯活动铅笔。该笔采用金属三爪夹头，使用 0.5mm 树脂细铅芯，脉动式出芯，机芯内可储 5—6 支铅芯。该笔的研制成功标志着我国的脉动式高级细芯活动铅笔的起步，填补了我国高级细芯活动铅笔制造的空白，荣获中国轻工业部优质产品称号，成为一款经典的活动铅笔产品。此后又陆续开发出高、中、低不同规格的活动铅笔系列产品和系列树脂石墨细铅芯，成为当时国内生产活动铅笔最早、规模最大、品种最齐、产量最高、质量最好的专业生产厂家。

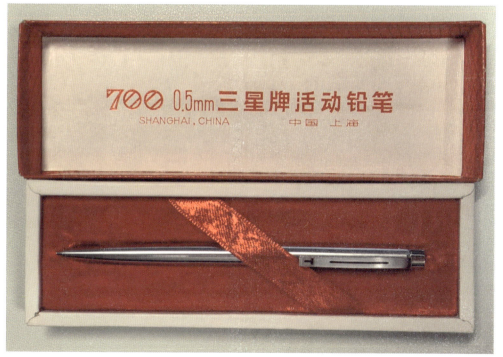

三星牌 700（0.5mm）活动铅笔

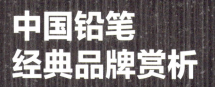

中国铅笔
经典品牌赏析

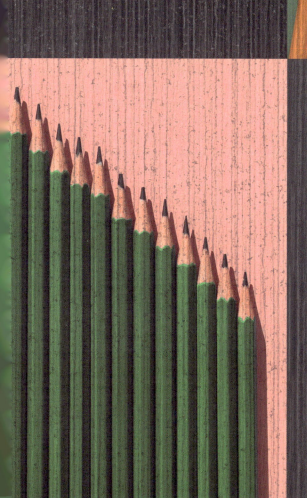

"鼎牌" 108 超等国货绘图铅笔

"飞机" 牌航空救国铅笔，完全国货铅笔

"长城" 牌 3544 橡皮头铅笔

"三星" 牌 3600 彩色铅笔

"中华" 牌 101 高级绘图铅笔

"五星" 牌 5712 大六角杆红蓝铅笔

"中华" 牌 6151 高级橡皮头铅笔

"中华·神七" 太空出舱书写笔

"鼎牌"108 超等国货绘图铅笔

　　1937 年，中国标准国货铅笔厂推出一款高档绘图铅笔，即"鼎"牌 108 超等国货绘图铅笔。它为淡蓝色六角笔杆，沾有黑头，外观精美，配以专用铁皮铅笔盒包装，把"中国技师、中国资本、中国原料"宣传语印在专用铅笔包装盒内。该厂投资人吴羹梅（学名吴鼎）特意取自己的名字中的"鼎"作为商标，也是对当年他留学日本时，真崎大和铅笔株式会社社长数原三郎所说的"办铅笔工业可不是一件容易的事，即使到你吴鼎二世，你们国内也生产不出铅笔"的有力回击。

　　这款铅笔是当时该厂铅笔产品中最精美的一款高档绘图铅笔，质量上对标美国"维纳斯"牌和德国"三堡垒"高档绘图铅笔，其原材料购自国外，成本较高。但因为品质上乘，又是国货精品，投放市场后，受到国人追捧。

鼎牌 108 超等国货绘图铅笔（一）

鼎牌 108 高级绘图铅笔

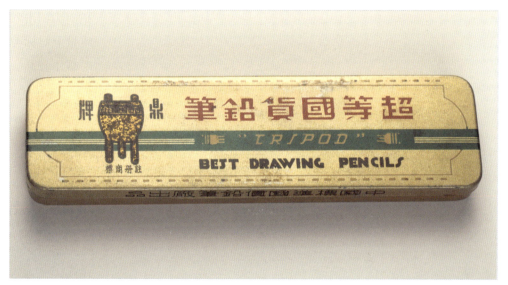

鼎牌 108 超等国货绘图铅笔（二）

"飞机"牌航空救国铅笔，完全国货铅笔

中国铅笔厂在 1935 年 10 月开业半年后，推出"飞机"牌 500 航空救国铅笔，该款铅笔为中档铅笔，因航空救国的牌号迎合了当时"反对日货，提倡国货"的爱国运动，而且质量上瞄准德国的"老鸡"牌铅笔，售价也比之便宜，推出市场后极受欢迎。

1937 年"八一三"抗战前夕，中国标准国货铅笔厂生产出"飞机"牌 No1 完全国货铅笔，该款铅笔为低档铅笔，它采用了东北的椴木、湖南的石墨、云南的虫胶片、苏州的黏土，所用原料完全来源于国内，是当时中国标准国货铅笔厂的代表性产品。

由于当时技术条件限制，"飞机"牌 No1 完全国货铅笔用漆大多为深红、棕色、蓝色等深色油漆。总体上说，生产低档、中档铅笔杆以深红、棕色漆为主，生产高档铅笔则采用蓝色漆，以示区分。

飞机牌完全国货 No1 铅笔

飞机牌 500 航空救国铅笔

"长城"牌 3544 橡皮头铅笔

"长城"牌 3544 橡皮头铅笔是一款广受欢迎的经典石墨铅笔产品，畅销国内外铅笔市场七十余年，经久不衰。

1945 年抗日战争胜利后，长城铅笔厂开始全面恢复生产，规模也逐渐扩大，但面临着美国"维纳斯""鹰"牌等黄杆橡皮头铅笔大量倾销的压力。为求生存，当时长城铅笔厂使用台湾产桧木铅笔板，试制生产了 3544 橡皮头铅笔，款式均模仿"维纳斯""鹰"牌黄杆橡皮头铅笔。打印上 1939 年 6 月注册登记的"鹰"牌铅笔商标，产品出厂后，因价廉物美，很快在提倡国货的国内文具市场上站稳了脚跟。

由于 3544 黄杆橡皮头铅笔上市后销路剧增，而当时装铜箍和橡皮头全是手工操作，生产效率不高造成产品供不应求，时任长城铅笔厂厂长郭志明自行设计图纸，并交由他本人开设的大明铁工厂试制铅笔装橡皮机，经数次改进完善后，极

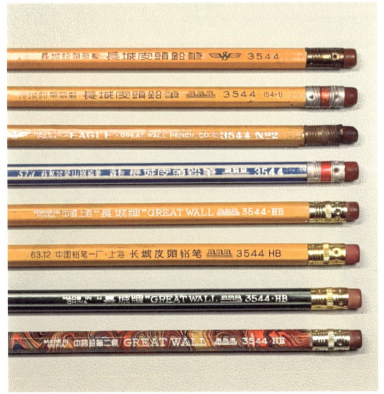

长城牌 3544HB 铅笔系列

大地提高了橡皮头铅笔的生产能力，这也是中国第一台自制的铅笔制造设备。1951年后，经技术革新，红色橡皮头装铜箍改为装铝箍（分金黄色或彩色二种），提高了生产效率，降低了成本。

至1952年，因长城铅笔厂的"鹰"牌橡皮头铅笔商标与美国"鹰"牌铅笔商标存在商务纠纷而停止使用，之后生产的黄杆橡皮头铅笔统一使用"长城"牌商标。

3544橡皮头铅笔品种多样，主要有以下几种：

1.六角黄杆橡皮头铅笔，外观漆成黄色，打黑字商标印，大方典雅，是办公记账等必备用品。

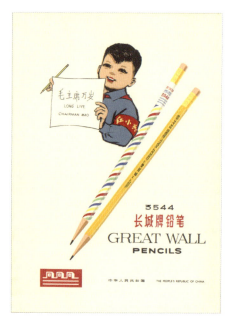

长城牌3544铅笔广告

2.六角隐条杆橡皮头铅笔，分蓝隐条、绿隐条、红隐条三种花色，隐条若隐若现，打金字商标印。

3.圆杆印花杆橡皮头铅笔，图案有风景、山水、动物图案等花色，深受中、小学生喜好。

1956年1月，长城铅笔厂并入公私合营中国铅笔一厂后，"长城"牌3544橡皮头铅笔得以延续和扩大生产。合并后，通过不断改进生产工艺，增加花色品种，提高产品质量，已成为中国铅笔一厂牌子最老、产量最多的铅笔产品，是内外贸畅销产品之一。"长城"牌3544橡皮头铅笔成为该厂出口铅笔中最主要的一个品种。

"长城"牌3544橡皮头铅笔在1987年被评为上海市名牌产品称号，全国轻工业优秀产品，第一届、第二届（北京）国际博览会银奖，首届全国轻工业博览会金奖。

"三星"牌 3600 彩色铅笔

　　中国铅笔二厂的前身为上海铅笔厂，在 1940 年建厂时，即开始生产红蓝、全红、全蓝铅笔，产品质量一直保持稳定。

　　中华人民共和国成立后，外部敌对势力对我国实行经济封锁，外货铅笔包括彩色铅笔不能进口。为了打破经济封锁对我国带来的不利影响，满足国内文具市场的需求，1951 年 4 月，根据华东医药局（后改为中国医药公司）提出的需要，当时的上海铅笔厂，经郭子春工程师悉心研究，在红蓝铅笔基础上，试制成功"三星"牌 3600 六色、十二色彩色铅笔，填补了国内生产颜色铅笔的空白。

　　按照 1955 年全国铅笔专业会议精神，上海市制笔工业公司根据当时各家铅笔厂的生产技术条件，指定公私合营中国铅笔二厂专业生产颜色铅笔。

三星牌十二色彩色铅笔广告

三星牌 3600 十二色彩色铅笔包装盒

三星牌六色彩色铅笔包装盒图样

三星牌 3600 六色彩色铅笔原版画稿

3600 彩色铅笔的性能特点：色泽鲜艳，着色力好，铅芯强度、硬度、耐磨度适中，铅芯采用优质油脂和黏结剂等配制挤压而成，适用于绘图、记号和工程制图设计等。之后，经过不断地研发，颜色铅笔品种从单色、六色、十二色，发展至十八色、二十四色。根据全国制笔质量监督站 1987 年 4 月评价产品质量，3600 彩色铅笔各项物理指标历年来均符合国家标准（GB149–75）所规定的指标，自 1984 年开始参加全国行业评比以来，均获第一名。3600 彩色铅笔在国内和国际市场上享有美誉，是中国彩色铅笔出口的代表性品种，为国家创汇作出过重要贡献。

"三星"牌 3600 彩色铅笔在 1987 年获轻工业部优质产品证书；1988 年获轻工业部优秀出口产品铜奖；同年获首届北京国际博览会银奖。

"三星"牌 3600 彩色铅笔刚推出时的包装也很有特色，在当时的物质和技术条件下，别出心裁地设计出推拉立式包装，既新颖又实用，这也是这款产品的经典包装。

"中华"牌101高级绘图铅笔

　　"中华"牌101高级绘图铅笔无疑是国产铅笔中最为国人熟知的型号之一，上市七十余年来长期盛销不衰。

　　20世纪50年代初，中国当时正值社会主义改造高潮，工程设计制图用的绘图铅笔需求大增，但国内还没有规格齐全、品质过硬的国产绘图铅笔，那时生产的绘图铅笔在铅芯强度、滑度和硬度等质量指标上还难与美国"维纳斯"和德国"施德楼"同类型铅笔相抗衡。为改变市场过于依赖价格昂贵的国外进口高级绘图铅笔的现状，当时的公私合营中国标准铅笔厂上海制造厂（现中国第一铅笔有限公司）职工开动脑筋，在原"鼎"牌108超等国货绘图铅笔的基础上，通过不断调整铅芯配方，改进生产设备和工艺，最终完成了"中华"牌101高级绘图铅笔试制，并于1954年3月起正式上市，受到市场高度认可。此举扭转了国外高档绘图铅笔独霸国内铅笔市场的局面，此后美国、德国、日本等国家的绘图铅笔就此几乎在我国文具市场上绝迹。

中华牌101高级绘图铅笔曾由不同时期的厂家生产

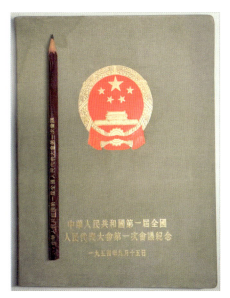

1959年9月第一届全国人大第一次会议纪念用笔

中华牌101高级绘图铅笔的包装变化

1954年9月15日，第一届全国人大第一次会议在北京开幕，当时工厂职工采用101高级绘图铅芯技术和工艺样式赶制了一批特制会议铅笔，为大会成功召开献礼。

1979年，上海市轻工业局将该款铅笔作为当年市局赶超项目，通过努力并经当年年底鉴定会议认定，"中华"牌101高级绘图铅笔H、2H、2B铅芯质量与国际同类产品美国"维纳斯"3800铅笔相比，已经在实际使用和物理指标方面均达到了同类水平。

"中华"牌101高级绘图铅笔推出至今获奖无数，1979年荣获国家质量银质奖，1980年获国家"著名商标"称号。它在中国铅笔发展史上具有重要里程碑意义，成为至今唯一仍在生产的荣获国家质量银质奖的铅笔产品。

随着该产品知名度的提高和消费市场的高度认可，开枝散叶，全国各地铅笔厂纷纷围绕"中华"牌101的外观设计和工艺技术，生产各种品牌的绘图铅笔。

"中华"牌101高级绘图铅笔拥有从6H到6B（含F、HB）的14种硬度规格，适用于笔记抄写、工程设计、机械制图、速写素描、多页复写、绘画等。自1954年推出70余年以来，外观设计一直保持自己的特色。即：六角木杆，杆身墨绿油漆，滚印浅墨竹叶花纹，正面右侧打金色牌号印和白色商标印，三面打白色硬度印的经典款式。但在刚投入生产时，杆身油漆也经历过墨绿—铁红—浅墨绿—翠绿的变化过程，滚印花纹也经历过海涛花纹（山水花纹）—鱼鳞花纹—竹叶花纹的变化过程。

　　20世纪60年代中期，"中华"牌101高级绘图铅笔曾一度通过改进外观设计，生产"中华"牌101沾头绘图铅笔，笔杆黑色油漆，印黄色竹叶花纹，笔端沾白线黑顶，打开了外销市场。20世纪70年代进一步改进外观设计，笔杆翠绿色油漆，滚印白色竹花纹，正面打金色中文印和白色商标印，三面打白色硬度印；"中华"牌101沾头绘图铅笔笔杆改为汰青蓝油漆，沾白线黑顶，正面打金色英文印和白色商标印，反面打金色中文印，三面打白色硬度印。

中华牌101高级绘图铅笔
部分版本

中华牌101高级绘图铅笔手
工刻钢印效果图

"中华"牌 101 高级绘图铅笔外观设计变化一览表（1954—1970 年）

所属生产期	杆身颜色	滚印花纹	钢印位置	金色牌号印	白色硬度印	厂 铭
1954 年 9 月—	墨绿	海涛/鱼鳞	左侧	单线体	单面	公私合营中国标准铅笔厂上海厂
1954 年 10 月—1956 年 1 月	墨绿	鱼鳞花纹	左侧	单线体	单面	公私合营中国铅笔公司一厂
1954 年 9 月—1957 年 4 月	铁红	海涛花纹	右侧	单线体	单面	公私合营中国铅笔一厂
1956 年 2 月—1958 年 5 月	墨绿	鱼鳞花纹	右侧	单线体	单面	公私合营中国铅笔一厂
1958 年 10 月—1960 年 1 月	墨绿	鱼鳞花纹	右侧	单线体	单面	上海中国铅笔一厂
1960 年 5 月—1965 年 2 月	墨绿	鱼鳞花纹	右侧	单线体	单面	中国铅笔一厂·上海
1965 年 4 月—1966 年 7 月	墨绿	鱼鳞花纹	右侧	单线美术体	单面	中国铅笔一厂·上海
1965 年 4 月—1970 年 3 月	墨绿	竹节花纹	右侧	单线美术体	单面	中国铅笔一厂·上海
1969 年 11 月—	墨绿	竹节花纹	右侧	单线美术体	三面	中国铅笔一厂

中国标准铅笔厂上海制造厂生产的 101 高级绘图铅笔

"五星"牌 5712 大六角杆红蓝铅笔

1957 年 12 月，中国铅笔二厂工程师郭子春带领技术骨干，试制成功经典的"五星"牌 5712 大六角杆红蓝铅笔，俗称"大六角"。因在 1957 年 12 月试制成功，故铅笔的型号被命名为 5712。

5712 大六角杆红蓝铅笔，红蓝各占一半，笔杆漆有与铅芯颜色相同的油漆，便于识别。杆径为 10mm，也较一般铅笔粗大，铅芯用料讲究，采用特殊工艺，芯径也比一般铅芯粗大，选用上等板材，笔杆卷削不易断芯。还在大六角杆的三面

五星牌 5712 红蓝铅笔

抽上金条，配上两面金色电化铝烫印，显得美观大方，色泽鲜艳。它着色力好、质量稳定、书写舒适、滑爽、耐磨，适用于办公、批文、标记和制图等用途，深受东南亚地区和美国、加拿大等国家消费者欢迎。同时也受到党和国家领导人的偏爱，用于修改文稿或在文件上作批示。

1986 年起，中国铅笔二厂委托山东威海铅笔厂协作生产"五星"牌 5712 大六角杆红蓝木制铅笔。

所获荣誉：1983 年获轻工业部优质产品证书，上海市轻工业局优良产品证书和上海市优质产品证书；1987 年获上海名牌产品证书；1988 年获轻工业优秀出口产品银质奖、首届北京国际博览会铜奖。

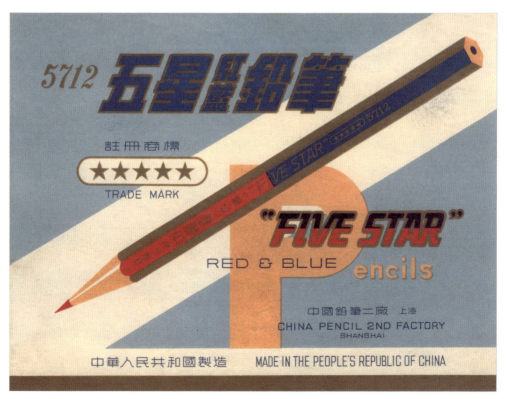

五星牌 5712 红蓝铅笔广告

"中华"牌 6151 高级橡皮头铅笔

　　"中华"牌 6151 高级橡皮头铅笔,俗称"红中华"铅笔。其设计研制始于 1960 年,当时中国铅笔行业新产品开发的通常做法是出国人员考察带回样品,然后再集中技术力量消化、吸收并使之国产化,"中华"牌 6151 就是当时参照德国施德楼公司 Traditiond 200 的产品,由中国铅笔二厂于 1961 年 5 月在"中华"牌 6051 基础上创制成功并批量生产。

　　"中华"牌 6151 高级橡皮头铅笔上市后大受欢迎并出口到中国香港、欧美地区等。其在 20 世纪 70 年代香港市场占有率达 50% 以上,被各大经销商亲切地称为"红中华"铅笔。据说施德楼公司曾于 20 世纪 90 年代,在德国法兰克福展览会上对"中华"牌 6151 类似于 Traditiond 200 提出过质疑,但由于其未在中国注册,故此事不了了之。

　　"中华"牌 6151 高级橡皮头铅笔,铅芯硬度 HB,铅芯采用高纯度鳞状石墨和商级膨润土为原料,书写润滑浓黑。制板选择纹理正直的上等木材,用蒸煮切板工艺染色,低温烤焙,使之木质卷削松软。其外形为六角杆、大红底漆,三面抽粗黑色条,三面抽细黑色条,正黑面打金色中文印,反面打白色英文印和白色硬度印,笔头装有标志性的淡金黄色 S 型滚花橡皮头铝箍。质量优良,外观富丽庄重,是专为办公机构设计的高档办公铅笔。

施德楼 traditiond 200 铅笔

"中华"牌6151高级橡皮头铅笔出口产品包装分两种,一种配红底透明塑料笔盒,便于直观看到产品;另一种配红色纸盒和产品外观色泽浑然一体。盒内各有精美书签一枚。内销产品用腰封,纸盒包装。

1970年,当时的上海制笔主管单位上海文教用品工业公司,指定将"中华"牌6151高级橡皮头铅笔由中国铅笔二厂划转至中国铅笔一厂专业生产,由此产品质量得到进一步稳固提高,铅芯生产采取二次成型新工艺,铅芯致密性得到加强,还改革了烧芯、油芯工艺,改进油腊配方,从而提高了铅芯耐磨性能。经对比测试,"中华"牌6151高级橡皮头铅笔的技术质量指标(芯尖受力、滑度、磨耗、浓度、硬度)均已达到和超过国际同类产品的先进水平。

"中华"牌6151高级橡皮头铅笔曾在1979年获上海市轻工业局优质产品奖;1984年获轻工业部优秀产品称号;1988年获轻工业部优秀出口产品银质奖;还获得过首届(北京)国际博览会银奖,第二届(北京)国际博览会金奖。该产品至今长盛不衰,其标志性的六角杆橡皮头大红底抽三面黑条,三面黑细条外观式样,已成为一款经典的高级铅笔。

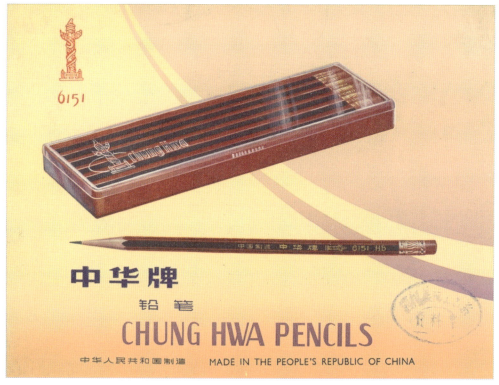

中华牌6151高级皮头铅笔广告

"中华·神七" 太空出舱书写笔

出舱书写笔是指航天员在太空出舱活动期间，用于在出舱活动手册上进行记录的书写工具，是太空行走重要的配备品。

2008 年 9 月 27 日，翟志刚作为"神舟七号"第一个太空出舱行走的中国宇航员，携带使用我国自主研发的第一支 SZM118 "中华牌神七太空出舱书写笔"，圆满顺利地完成了中国首次出舱作业任务，填补了中国航天装备的一项空白。

中华神七太空出舱笔珍藏版

经中国航天员中心授权，向全国发行"中华·神七"太空笔珍藏版。该纪念品由老凤祥中国工艺美术大师设计，内置太空笔，附有收藏证书，并内嵌 200 克 999 银纪念银条，全国限量发行 2008 套

神七太空出舱笔笔头

在此之前，中国人没有能在太空出舱环境下书写的合适文具。"神五""神六"上使用的都是从美国进口的圆珠笔，并且只能在舱内使用。美国和前苏联曾投入巨资组织科研人员研制出舱书写笔，具备了成熟的太空出舱书写笔技术，不过这些技术对中国完全保密。中国航天员科研训练中心在2006年10月向中国第一铅笔股份有限公司（现中铅公司前身）提出了关于研制太空出舱书写铅笔的任务和技术要求，出舱书写笔重量必须小于40克，一次卷削好至少可书写200个字，浓度不小于3B。

当时国内在这方面还是空白，没有任何参考资料。据航天员中心人员回忆，他们曾经在苏联航天博物馆看到过一支出舱使用的

2008年8月"神七太空出舱笔"技术合作签约仪式

铅笔，除了知道曾经被用于航空书写外，再无任何其他有关这类铅笔的资料。众所周知，要在真空、失重、低温、高温的条件下书写，普通的钢笔、圆珠笔均无法胜任，普通铅笔在使用过程中，需要不断地削铅笔，就会产生木屑和一些石墨粉的碎屑，在真空零重力下，这些碎屑会漂浮在空中，虽然有专门的收集设备，但是不可能收集那么彻底。对于研发人员来说，这是一支虚拟的笔，无法确切了解它的外观尺寸，更不能直观地给以物理性能的定性。这是一次前所未有的研制任务，在和航天员科研训练中心几次深入探讨后，中铅公司的研发人员逐步清晰了"神七"的太空出舱环境和航天员的活动情况，进而明确了研发方向。

针对太空失重、环境温差大、航天服笨重以及出舱书写等特殊要求，中铅公司在没有任何参考资料的情况下，集合了顶尖技术人员摸索试验，研制太空出舱书写笔。在外形设计上，向航天员科研训练中心外借了宇航员手套，在反复试戴、体会握笔感受的情况下，笔杆选用优质椴木，采用特粗六角杆形，外径粗达 18 毫米，比普通铅笔杆径粗了两倍多；在木杆捏手处增加防滑环和连接手绳以提高防滑功能，并根据不超过 40 克的要求确定了长度。为了防止出舱笔在失重状态下"飘走"，保护帽与笔、笔与出舱活动手册之间采用降落伞伞绳连接。

在性能设计上，笔芯作磨圆处理，卷削的角度决定了露出的铅芯，太短不能满足书写 200 个字的要求，太长又容易折断。最终确定了 40 度的削笔角度，磨尖两头配有流线型保护帽。为了便于航天员带着面罩观看和书写时铅笔在纸上的字迹与背景的对比度达到最佳效果，保证用力书写铅芯不折断，兼具 HB 的强度和 4B 的浓度，满足在不进行二次切削的情况下连续书写的要求。创新铅芯配方，优化烧结工艺，最终实现兼具 HB 的强度和 4B 的浓度的铅芯。

此外，根据太空环境特点，通过特殊加工工艺，太空出舱笔还能够经受住高温、低温、冲击和振动等各类极端环境的测试考验，做到了在 +50℃ 以上 24 小时，—18℃ 以下 24 小时铅笔能够做到不开裂，满足了航天员中心的设计质量要求。

"中华·神七"太空出舱书写笔在 2008 年 5 月通过了航天员科研训练中心的验收。作为中国航天员在太空出舱环境下使用的第一支真正意义上的出舱书写笔，它以独特的科技含量填补了国内航天技术装备的空白，为中国今后参与太空环境下科学技术实验提供了书写工具。

该笔的试制成功，标志着中铅公司整个笔芯生产的水平上了一个新台阶。2008 年"神七太空笔"荣获中国轻工业联合会科学技术进步二等奖。

中国铅笔的
品牌文化赏析

中国著名铅笔商标介绍

鼎牌

　　1936年（民国二十五年）5月，经国民政府经济部商标局审定，核准"鼎"牌注册商标（注册登记证第28786号）。在品牌设计上，中国铅笔厂创始人吴羹梅用一个"鼎"，作为首款由中国人自己生产制造的超等国货铅笔的商标。印在铅笔上的钢印是两个横列的三足鼎。"鼎"字有多层意思。一层意思是吴羹梅学名吴鼎，名字上含有"鼎"字；另一层是中国传统文化中向来以"鼎"作为尊贵或权力的象征，表示上等品；第三层意思是当时德国铅笔中有一款"三堡垒"牌。为了与"三堡垒"牌相抗衡，使用"鼎"牌，因为古代"鼎"也是三足，"三足鼎"与"三堡垒"相媲美。

1936年5月6日颁发鼎牌商标注册证
（第28786号）

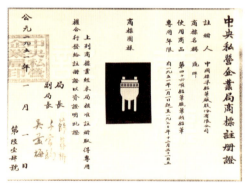

1951年1月1日颁发鼎牌商标注册证
（第614号）

飞机牌

　　1936年（民国二十五年）5月，经国民政府经济部商标局审定，核准"飞机"牌注册商标。1951年1月，由中国标准铅笔厂提出申请，获颁中央私营企业局"飞机"商标注册证（第613号），早期生产"飞机"牌1号完全国货、200号好学生、600号小朋友、500号航空救国等低中档铅笔。

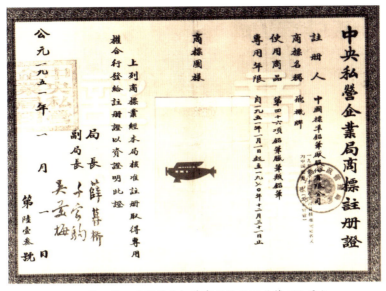

1951 年 1 月 1 日颁发飞机牌商标注册证（第 613 号）

好学生牌

由中国标准铅笔厂提出申请，1951 年 6 月获颁中央私营企业局"好学生"商标注册证（第 6767 号），早期生产"200 号好学生等低中档铅笔。

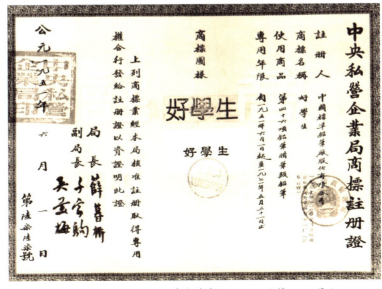

1951 年 6 月 1 日颁发好学生牌商标注册证（第 6767 号）

鹰牌

　　1939 年（民国二十八年）6 月，经国民政府经济部商标局审定，核准"鹰"牌高等国货铅笔注册商标（注册登记证第 33943 号）。"鹰"牌 3544 黄杆橡皮头铅笔销路很好，供不应求。1952 年，由于与美国"鹰"牌商标存在纠纷，便停止使用鹰牌商标。

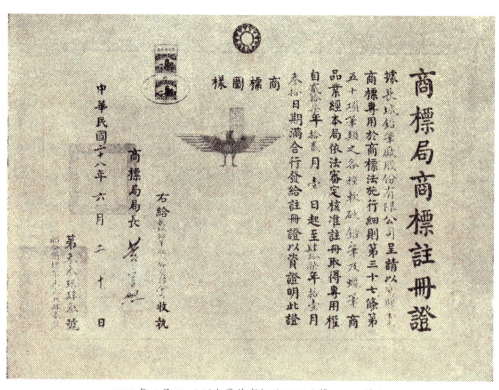

1939 年 6 月 20 日颁发鹰牌商标注册证（第 33943 号）

长城牌

1939 年（民国二十八年）6 月，经国民政府经济部商标局审定，核准"长城"牌完全国货铅笔注册商标（注册登记证第 33944 号），1951 年 2 月重新注册。"长城"铅笔作为普及产品，深受学生们喜爱，在出口产品份额中长期占绝对比例。

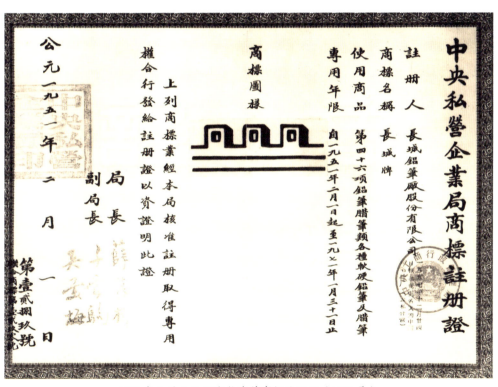

1951 年 2 月 1 日颁发长城牌商标注册证（1289 号）

三星牌

　　1940 年 10 月 16 日，上海铅笔厂向国民政府经济部商标局申请审定登记，注册"三星"牌商标（注册商标证第 37846 号）。"三星"蕴含三层意义：一是取自民间吉祥语"福禄寿"，让人联想到三星就表示吉祥如意；二是从顾客消费心理来看，名称朗朗上口，易于推销。且三星的商标用于霓虹灯广告，从正面或反面望过去都是一样的字体；三是从振兴民族工业着眼，当时已有日本的"七星"牌、美国的"星"牌，希望"三星"牌铅笔能力争使得国货铅笔早日跻身国际市场。后来成为延续至今的中国著名铅笔商标。

五星牌

　　1940 年 10 月 16 日，在向国民政府经济部商标局申请注册"三星"牌商标的同时，申请注册"五星"牌商标（注册商标证第 37847 号）。"五星"牌商标，在解放后主要用于出口产品，著名的"五星"牌铅笔有 5712 大六角杆红蓝铅笔、青莲拷贝铅笔等。

中华牌

　　"中华"牌铅笔商标诞生于 1954 年。同年 6 月，获颁中央工商行政管理局商标注册证（第 19710 号）。"中华"牌铅笔作为高档品质铅笔的代名词，出现了像 101 高级绘图铅笔、6151 高级橡皮头铅笔为代表的优质铅笔产品。

　　"中华牌"铅笔集国家工商局、国家技监局、海关总署重点保护商标于一身，荣获同行业唯一的"中国名牌产品""中华老字号"等荣誉称号，并于 2018 年获得首批"上海品牌"认证。

　　"人生第一笔——中华牌铅笔"的广告语荣获 1996 年上海名牌产品十佳广告用语第一名。

1954 年 6 月 1 日颁发中华牌商标注册证（第 19710 号）

天檀牌

　　由哈尔滨中国标准铅笔公司向中央工商
行政管理局提出申请，1954 年 6 月，天檀
牌标准铅笔获颁中央工商行政管理局商标审
定书（第 15758 号）。天檀牌铅笔是至今仍
在正常生产的著名铅笔品牌。

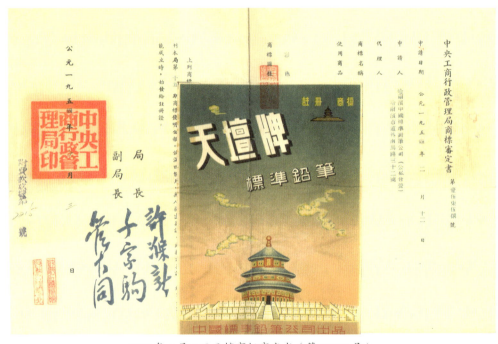

1954 年 6 月 3 日天檀商标审定书（第 15758 号）

新中牌

由哈尔滨中国标准铅笔公司向中央工商行政管理局提出申请，1954 年 6 月，新中牌标准铅笔获颁中央工商行政管理局商标审定书（第 15744 号）；1954 年 8 月，获颁中央工商行政管理局商标审定书（第 15858 号）。

1954 年 6 月 3 日新中商标审定书（第 15744 号）

1954 年 8 月 4 日新中商标审定书（第 15858 号）

象牌

中国铅笔一厂向中央工商行政管理局提出申请，1959 年 6 月 1 日，象牌获颁中央工商行政管理局商标注册证（第 30898 号）。象牌石墨铅笔主要用于产品出口。

1959 年 6 月 1 日颁发象牌商标注册证
（第 30898 号）

中国铅笔商标集锦

商标图样	商标名称	商标所属厂家	成立时间
	双箭	大华铅笔厂	1932 年
	金字塔	北平中国铅笔公司	1932 年
	飞燕	上海华文铅笔厂	1933 年
	鼎牌	中国铅笔厂	1935 年
	飞机	中国铅笔厂	1935 年
	鹰牌	长城铅笔厂	1937 年

	长城	长城铅笔厂	1937 年
	好青年	长城铅笔厂	1937 年
	红十字	一心铅笔制造厂	1937 年
	玉连环	天津明月铅笔厂	1940 年
	五星	上海铅笔厂	1940 年
	三星	上海铅笔厂	1940 年
	天平	广州南华铅笔厂	1947 年

	金星	新建铅笔厂	1950 年
	鸽	哈尔滨启化 铅笔工业社	
	工农	哈尔滨 中国标准铅笔公司	1950 年
	天檀	哈尔滨中国标准 铅笔公司	1950 年
	新中	哈尔滨中国标准 铅笔公司	1950 年
	汇丰	哈尔滨中国标准 铅笔公司	1950 年
	地球	天津铅笔厂	1950 年

	三角	天津铅笔厂	1950 年
	仙鹤	天津铅笔厂	1950 年
	四花	天津铅笔厂	1950 年
	东方红	天津铅笔厂	1950 年
	鹦鹉	天津铅笔厂	1950 年
	三五	哈尔滨仁华铅笔制造厂	
	长江	中国铅笔公司	1954 年

	中华	中国铅笔一厂	1955 年
	象牌	中国铅笔一厂	1955 年
	三星	中国铅笔二厂	1955 年
	五星	中国铅笔二厂	1955 年
	熊猫	中国铅笔二厂	1955 年
	上海	中国铅笔二厂	1955 年
	天平	广州大华铅笔厂	1956 年

	珠江	广州大华铅笔厂	1956 年
	青年	广州大华铅笔厂	1956 年
	淮河	安徽蚌埠铅笔厂	1958 年
	英雄	安徽蚌埠铅笔厂	1958 年
	菲菲	安徽蚌埠铅笔厂	1958 年
	黄山	安徽蚌埠铅笔厂	1958 年
	葵花	福州铅笔厂	1958 年

	燕子	福州铅笔厂	1958 年
	五尺枪	福州铅笔厂	1958 年
	白鸽	福州铅笔厂	1958 年
	鹿	大连铅笔厂	1962 年
	新文化	大连铅笔厂	1962 年
	建设	大连铅笔厂	1962 年
	孔雀	沈阳铅笔厂	1962 年

铅笔世界：中国铅笔收藏与赏析

	沈阳	沈阳铅笔厂	1962 年
	勤学	沈阳铅笔厂	1962 年
	百花	广西梧州铅笔厂	1963 年
	友爱	山东济南铅笔厂	1964 年
	红缨	山东济南铅笔厂	1964 年
	工农	重庆铅笔厂	1965 年
	山城	重庆铅笔厂	1965 年

	丰收	北京铅笔厂	1966 年
	金鱼	北京铅笔厂	1966 年
	卫星	北京铅笔厂	1966 年
	三乐	上海铅笔板厂	1966 年
	工农	吉林铅笔厂	1967 年
	海鸥	吉林铅笔厂	1967 年
	白翎	吉林铅笔厂	1967 年

铅笔世界：中国铅笔收藏与赏析

	松花江	吉林铅笔厂	1967 年
	金马	威海铅笔厂	1969 年
	神童	威海铅笔厂	1969 年
	苗岭	贵州剑河铅笔厂	1976 年
	庐山	瑞金铅笔厂	1978 年

铅笔包装艺术

铅笔腰封

  铅笔的最小包装形式，通常用牢度较强的硬纸板环封闭成箍状，箍套在铅笔腰部，故称之为腰封。一般分为外销包装腰封和内销包装腰封。

  外销包装 12 支（一打）铅笔为一腰封；内销包装 10 支铅笔为一腰封。

  不同时期的铅笔包装腰封，除包含有包装产品的信息要素之外，还印有体现所处时代特征的宣传推介文字，并具有一定的广告功能。这些腰封图案设计新颖、印刷精美，受到铅笔藏家们的喜爱。

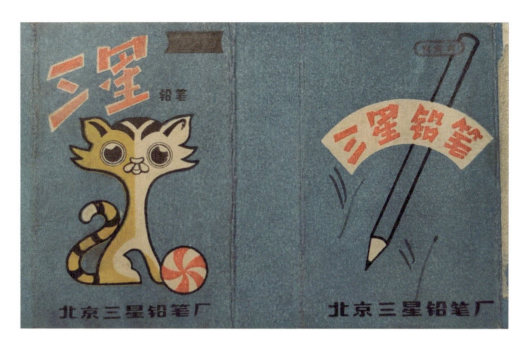

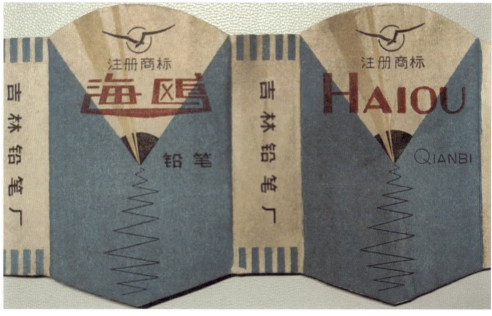

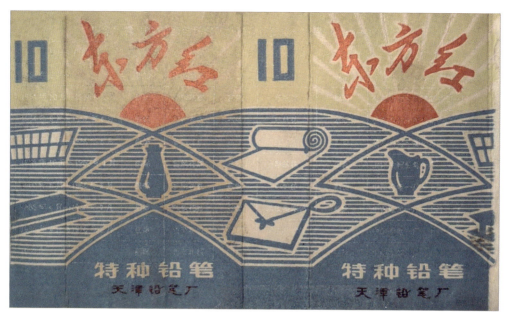

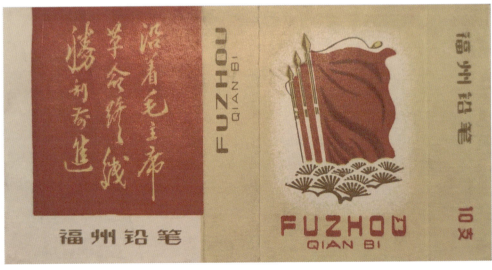

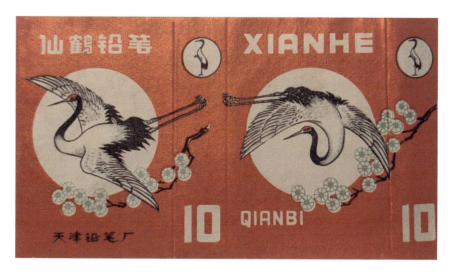

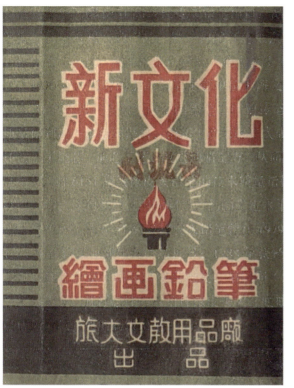

铅笔世界：中国铅笔收藏与赏析

铅笔包装盒

    各铅笔生产厂家在销售铅笔时，往往附带有兼具包装和使用功能的原装铅笔盒，选用马口铁、硬纸板、塑料或其他材料制作而成。这种铅笔包装盒设计巧妙，富有创意，图案精美，具有产品特点和时代气息，同样受到藏家们的收集和喜欢。

白翎牌铅笔包装盒

中华牌彩色铅笔包装盒

燕子牌铅笔包装盒

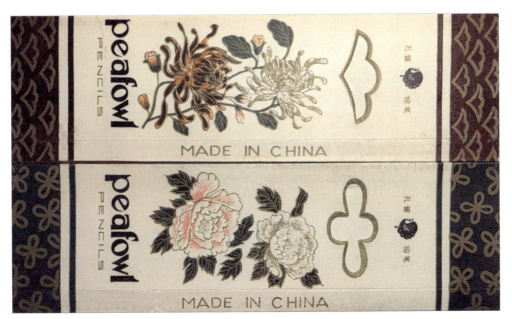

孔雀牌铅笔包装盒

中华牌铅笔包装盒图案

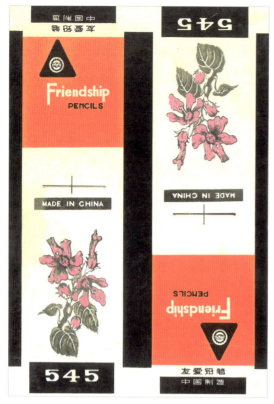

友爱牌铅笔包装盒

中华牌铅笔包装盒

长城牌彩色铅笔包装盒

长城牌铅笔包装盒图案

中华牌彩色铅笔包装盒

铅笔中包装

　　铅笔行业内通常以罗 (1 罗等于 144 支) 为计量单位或百支为计量单位来组成中包装，俗称"一罗中合""百支中合"，也有许多精美的中包装纸、贴纸等。

地球牌铅笔包装纸（半罗装）

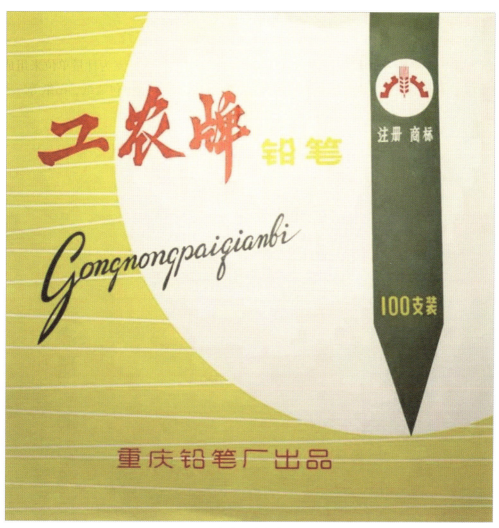

工农牌铅笔包装纸

学文化牌铅笔包装纸

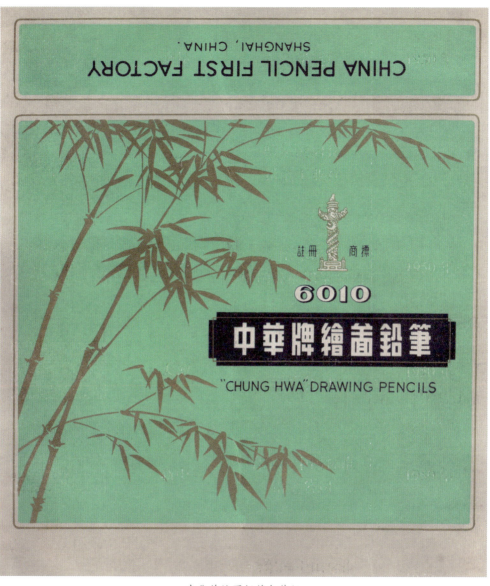

中华牌绘图铅笔包装纸

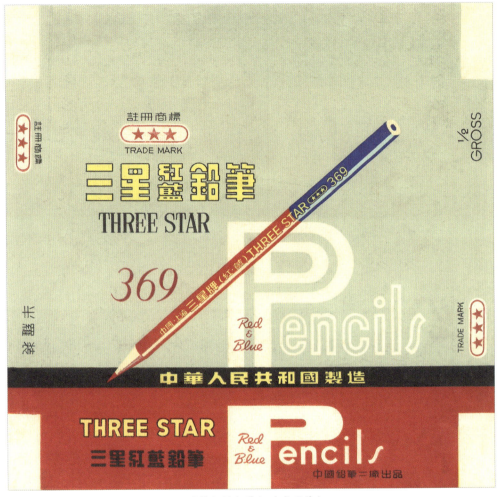

三星牌铅笔包装纸（半罗装）

长城牌铅笔包装纸（半罗装）

长城牌铅笔包装贴纸

长江牌铅笔包装贴纸

象牌铅笔包装贴纸

天檀牌铅笔包装纸

铅笔平面广告

从国产铅笔诞生的那一刻起，各生产厂家除了制造出优质的铅笔产品外，亦注重铅笔产品的宣传和推广，利用各种渠道吆喝买卖。这里介绍的铅笔纸质广告（包括硬纸卡、产品目录宣传册等），其所体现的广告内容和表现形式，既有时代的特征，又有创新创意，构思巧妙。这不仅提升了产品知名度和扩大了产品影响力，还促进和刺激了产品销售，建立了良好的厂家品牌形象。

1. 民国时期（1932—1949 年）

华文铅笔广告

飞机鼎三星五星牌铅笔广告

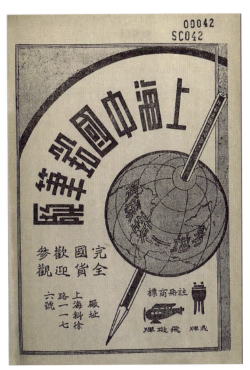

飞机牌鼎牌铅笔广告（1936年）

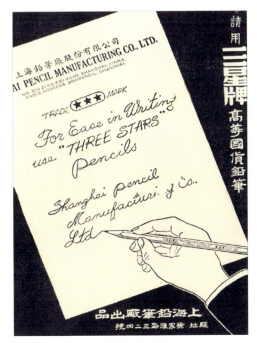

三星牌铅笔广告

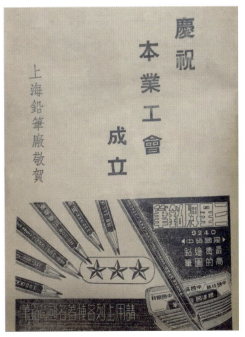

三星牌铅笔广告

三星牌铅笔广告

长城鹰牌铅笔广告

玉连环牌铅笔广告

三星牌铅笔广告

三星牌高等铅笔广告

长城鹰牌铅笔广告

三星飞机鼎牌铅笔广告

长城鹰牌铅笔广告

2. 建国初期、公私合营时期（1950—1965 年）

中国标准铅笔厂鼎牌、飞机牌铅笔广告

上海铅笔厂三星牌铅笔广告　　　　　　　　上海铅笔厂三星牌铅笔广告

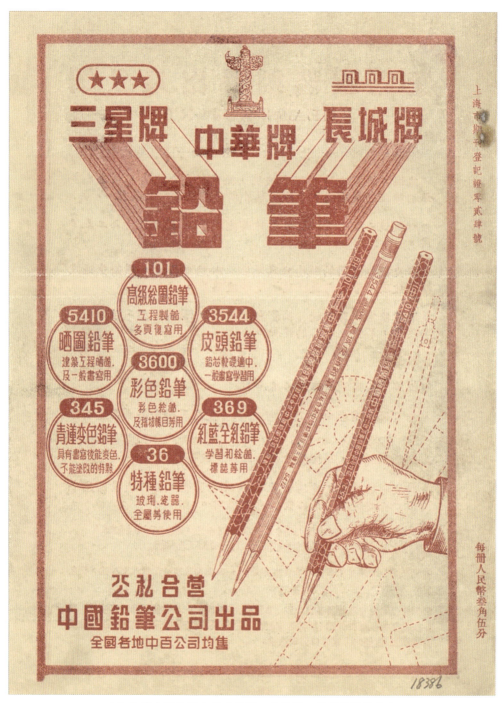

公私合营中国铅笔公司三星牌、中华牌、长城牌铅笔广告

公私合营中国标准铅笔厂鼎牌、飞机牌铅笔广告

公私合营中国标准铅笔厂飞机牌、鼎牌铅笔广告

公私合营中国标准铅笔厂鼎牌、飞机牌铅笔广告

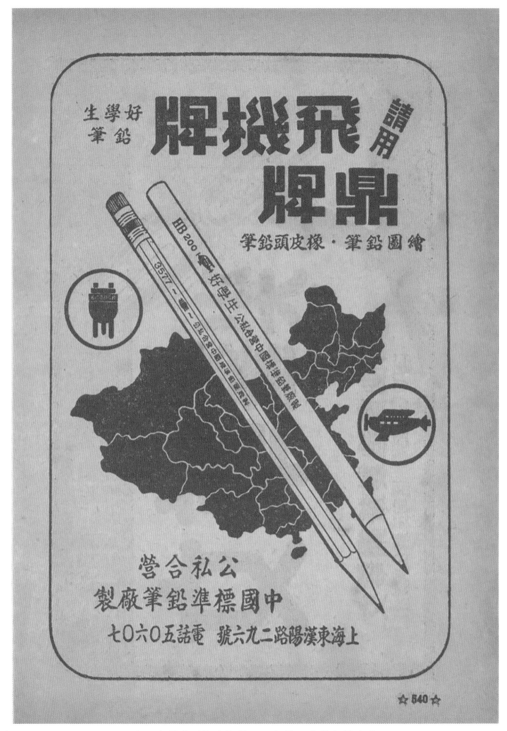

公私合营中国标准铅笔厂飞机牌、鼎牌铅笔广告

公私合营中国标准铅笔厂鼎牌、飞机牌铅笔广告

公私合营中国铅笔一二厂铅笔广告

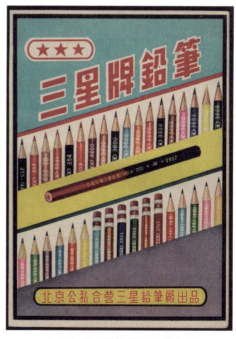

公私合营三星铅笔厂铅笔广告

《中国妇女》杂志刊登的三星牌铅笔广告

公私合营中国标准铅笔厂
鼎牌、飞机牌铅笔广告

上海铅笔厂三星牌铅笔广告

象牌铅笔广告

五星牌铅笔广告

卫星牌六角红蓝铅笔广告

重庆铅笔厂鼎牌好学生铅笔广告

长城牌香水铅笔广告

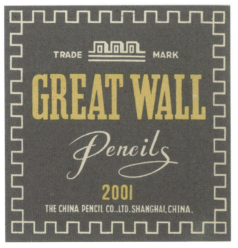

长城牌铅笔广告

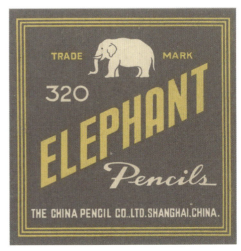

象牌铅笔广告

地方国营旅大文教用品厂
新文化牌全红铅笔广告

新建铅笔制造厂金星牌铅笔广告

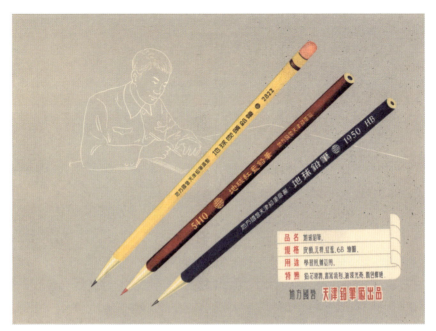

地方国营天津铅笔厂地球牌铅笔广告

三星牌铅笔广告

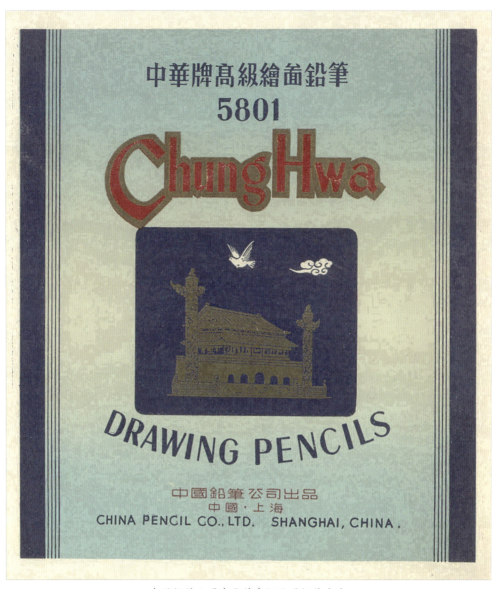

中国铅笔公司中华牌高级绘图铅笔广告

公私合营中国铅笔一厂长城牌大众铅笔广告

飞机牌铅笔广告

哈尔滨中国标准铅笔公司工农牌标准国货铅笔广告

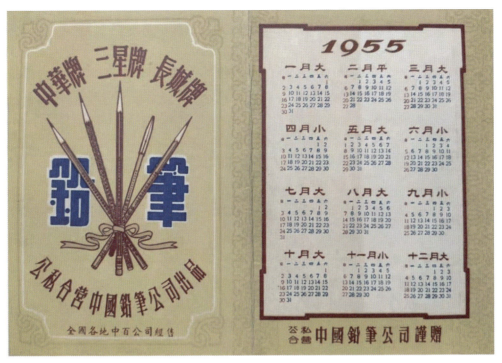

公私合营中国铅笔公司中华牌、三星牌、长城牌铅笔广告

公私合营中国铅笔一厂中华长城铅笔广告

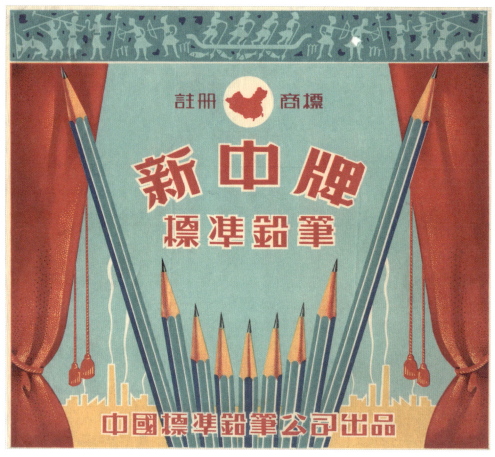

中国标准铅笔公司新中牌标准铅笔广告

铅笔外观图案

一帧好的铅笔杆图案，可以让人在学习空闲之余，握笔把玩欣赏，使人赏心悦目，涌现满满的儿时记忆。

铅笔按花色则有单色杆、云纹花、彩色印花等之分。

铅笔杆表面装饰可分为素杆（木纹原色）、彩杆（油漆）、印花、贴花、热转印、烫印（热滚印）等工艺。这些表面处理工艺，均是由我国自主研发的四色印花机、热滚印机、热转印机等印制实现。

热转印是一项新兴印刷工艺，用预制热转印膜通过使用热转印机加热、加压使热转印膜上漂亮图案脱膜后再热转印到铅笔油漆杆表面的工艺，从而达到表面装饰效果的铅笔。热转印膜图案层次丰富、色彩鲜艳，千变万化，色差小，再现性好，能达到设计图案者的要求。

铅笔杆装潢图案，题材丰富，富有浓郁中国特色。包括动物、花卉、卡通人物、京剧脸谱、神话故事、交通工具、木纹滚花凹凸、几何图形等。

热转印膜图样

三星 3207 图样

三星 3207 图样

鹦鹉 6065 图样

鹦鹉 6065 图样

长城 2001 图样

长城 2001 图样

长城 2001 图样

长城 2001 图样

我与铅笔收藏

收藏铅笔的引路人

行业历史的重要物证

有缘结识"铅笔大王"后代

工会老领导题字勉励

参展"中国第一铅笔史料与实物展"

铅笔收藏中的几点遗憾

铅笔收藏的引路人

　　我踏上社会的第一份工作是在上海的中国铅笔二厂，待了十五年左右。刚在铅笔厂工作的时候，总有某一段时间，成品车间的一条打印包装生产线会神秘地封闭生产，后来才知道这是一条专用生产线，且专门制定了四定原则：即定点采购原材料，特定工艺流程，固定生产设备，定专人加工负责制。这条生产线专门为北京特制生产全红铅笔、红蓝铅笔。当时我也会为偶尔得到一两支残次的专供铅笔而窃喜。当时的中国铅笔二厂厂长、后来又担任党委书记的华传发也是一名笔类收藏爱好者，因工作关系也经常能欣赏到他的宝贝。华书记得知我的铅笔收藏爱好后，在他退休后把毕生在制笔行业工作四十余年积攒收集的各种钢笔、圆珠笔、铅笔及各种资料全部整理打包赠送予我，还郑重其事地写上一段嘱托的话并附上清单，让我好好保存并积极为制笔行业发展服务。由此我更有了铅笔收藏的良好基础和底气。

　　行业前辈、曾担任中国制笔协会铅笔专委会副主任、退休后被聘为中国制笔协会顾问的华传发书记，每次见面总要询问我的铅笔收藏情况，为我提供行业发展信息和收藏线索，时不时会转赠我几支最新的铅笔生产样品。

　　2025年春节前，我去探望已93岁高龄的华书记，他老人家精神矍铄，得知我要创作，特地为我写下寄语。

原中国铅笔二厂党委书记、厂长华传发与作者

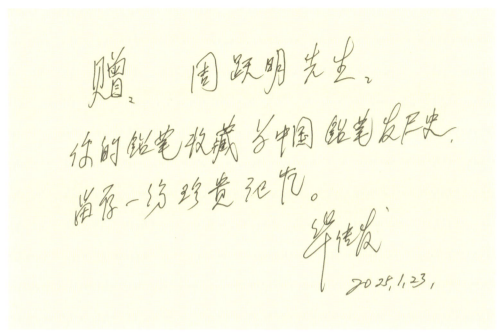

华传发为作者铅笔收藏题词

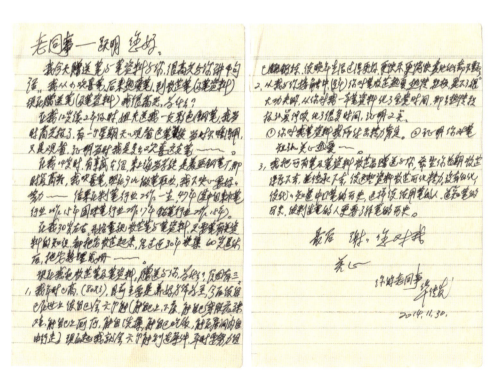

2014 年 11 月 30 日华传发赠送笔和资料时给作者的信件

行业历史的重要物证

有缘收藏中国铅笔厂的工厂登记凭单

　　2021年下半年的一天，在浏览孔网交流平台信息时，我偶然发现一条售卖信息：1935年10月30日中国第一家国产铅笔厂——中国铅笔厂成立时的"工厂登记凭单"，相当于现在企业的营业执照，其稀缺性和历史价值不言而喻，标价为大几万。我当即联系卖家，了解这件待售纸质品的具体细节和来历，心里有了初步的判断。还告知卖家，我是行业史料的专业收藏者，希望价格能优惠一点。无奈议价空间有限，对于我这个上班族来说，有点力不从心。此后半年多时间里我们一直僵持着，但我心里始终惦记着这张凭证。

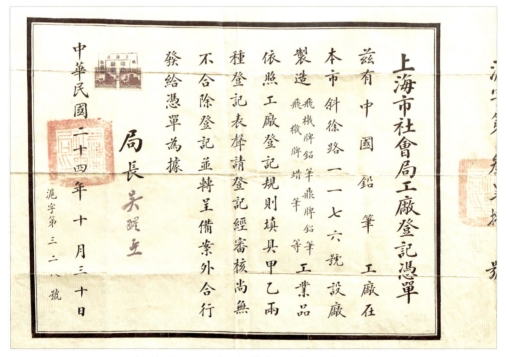

中国铅笔厂工厂登记凭单（1935年10月30日）

中国铅笔公司金字塔牌 404HB 铅笔

到了次年春节前，卖家突然主动联系我，他称被我的执著和诚意所打动，表示愿为这件重要物证找到最合适的藏家，问我是否还有兴趣收购。他过年回家也急需回笼资金，几番讨价还价，最终我将这件铅笔行业中的重要凭证，以我能接受的价格收入囊中。经纸质收藏专家验证确认真品无疑，这算得上是我铅笔收藏中的重量级藏品，也为中国铅笔行业历史保留下一份重要物证。

觅得中国铅笔公司金字塔牌铅笔

20 世纪 30 年代，国内铅笔生产尚处于起步发展阶段。据记载，在 1935 年 10 月由中国铅笔厂正式自主生产国货铅笔之前，有 1932 年香港九龙郭氏家族改建的大华铅笔厂和 1933 年实业家卢开瑗在北平开办的中国铅笔公司，这两家铅笔厂都是从国外购入铅芯进行加工为成品铅笔出售，而北平的中国铅笔公司因无力与外货竞争，仅开办两年便在 1934 年倒闭。

2016 年，我因公在北京参加培训，趁学习的空隙逛了著名的潘家园旧货市场。也是机缘巧合，在一家不起眼的小店角落，堆放着一些杂七杂八的各种旧文具，在翻看其中用橡皮筋扎起的一捆旧钢笔、蘸水笔和铅笔时，不经意间让我眼睛一亮，其中居然有一支北平中国铅笔公司当年生产的金字塔牌 404 铅笔，素色圆杆，烫金印，印痕清晰，全品相。我压抑着内心的小激动，以整捆的旧笔询价，老板也不识货，被我打包买入。北平中国铅笔公司这家工厂存续时间只有短短两年，小批量生产过这种型号铅笔，经过八十余年的使用和沉淀至今存世稀少。也许是我孤陋寡闻，至今没能在市场上看到过同型号铅笔，独此一支，也算是在北京潘家园与其结缘吧。

有缘结识"铅笔大王"后代

在我的收藏经历中，曾在中国铅笔一厂工作过的桂炳春和徐鸣两位老师给予我不少的指导和帮助。

桂炳春原在中国铅笔一厂多个部门担任过负责人，曾在中国制笔协会铅笔专委会担任过秘书长，退休后参加《中国工业史》（轻工业卷）"中国制笔工业史制笔篇"的编撰工作，在行业中是一位受人尊敬的老法师。

徐鸣原在中国铅笔一厂技术部门工作过，对铅笔行业的发展历史颇有研究，同时也是上海市作家协会会员。

2019年12月6日在新浜厂区合影（自左起徐鸣、吴佳、王永忠、桂炳春、作者）

2020 年 10 月 21 日在宝鼎大厦公司总部合影）自左起王凌蓉、张竑杨、吴佳、王渭、作者）

我和徐鸣相识于 2019 年，经徐鸣介绍认识了曾在中国制笔协会任职的桂炳春，通过桂老师的关系向中国制笔协会提出，希望找寻制笔协会第一任名誉会长、被誉为中国"铅笔大王"吴羹梅后代的线索，以便进一步了解中国自主创办民族铅笔企业的那段历史。机缘巧合，吴羹梅的曾孙吴佳先生也在向中国制笔协会打听曾祖父当年开设的中国铅笔厂（现为中国第一铅笔有限公司）的情况。借助协会的牵线搭桥，我们与吴佳取得了联系。

2019 年 12 月的一天，我们三人相约，陪同已定居北京、这次专程来沪的吴佳，重回他曾祖父创建的中国第一铅笔有限公司（原中国铅笔厂）省亲。公司王永忠总经理和王渭副书记热情接待了我们。吴佳拿出了许多当年曾祖父办厂时留下的老照片与史料与大家分享，我们陪同他参观了现代化的生产车间，并进行了交流座谈。吴佳看到祖上八十多年前创建、千辛万苦保留下来的工厂，如今已成为上市公司老凤祥股份有限公司的核心企业之一，产销两旺、一派生机，甚感欣慰。

后来，我与已走上中国制笔协会驻会工作新岗位，目前担任文创联盟副秘书长的吴佳一直保持着密切联系，我们希望共同努力，为保留、挖掘中国铅笔行业历史，弘扬铅笔文化，创意文创产品发挥各自作用。

铅笔世界：中国铅笔收藏与赏析

工会老领导题字勉励

我在上海市工会系统工作了近三十年，直至在工会系统管理岗位上退休。在工会这个大家庭里，大家在工作中相互支持、相互配合，生活上相互关心，相互照顾，使我真切感受到"天下工会是一家"的浓浓大家庭氛围。我父亲也是位老工会工作者，我们父子都曾有幸在上海市总工会原主席江荣的领导下工作过。当92岁高龄的江老得知作为晚辈的我，在工作之余爱好收藏铅笔，于是在2021年初夏，不顾年老体弱，挥毫为我的收藏题写了"铅笔世界"墨宝，鼓励我要达到铅笔收藏的大世界、新世界。还勉励我把这一承载民族铅笔工业发展历程的史料和实物，收集好、保存好、研究好、传承好。遗憾的是，题字还不到一年，他老人家即驾鹤西去。我要铭记江老的殷殷嘱托，把这份小众收藏发扬光大。

2021年7月江荣（右）与我父亲在上海市总工会老同志庆祝建党100周年座谈会上合影

本书出版也算是对江老的一种纪念，特地选用江老为我题写的"铅笔世界"四字墨宝作为书名，以此缅怀这位德高望重、平易近人的工会老前辈、老领导。

上海市总工会原主席江荣题字"铅笔世界"

参展"中国第一铅笔史料与实物展"

2022年10月，我收到中国第一铅笔有限公司的邀请，参展其公司主办的"中国第一铅笔史料与实物展"，收获颇丰。

中国第一铅笔有限公司（原中国铅笔厂），目前是老凤祥股份有限公司旗下的核心企业。这次展览假座上海市工艺美术博物馆展出，这是公司第一次举办史料与实物展，专门由公司聘请的文史顾问徐鸣撰写了布展文案，寄希望借助于这样的公开展示平台，让人们进一步了解中国铅笔发展的历史，做好企业文化的传承工作。我也是第一次公开展示自己的铅笔藏品，作为主要的展品提供者之一，我挑选出了与中国第一铅笔有限公司历史相关的史料与实物100余件（支），全力予以配合。

借此办展机会，我有幸结识了多位上海收藏界的专家，得以当面请教，藏友们都对小众的铅笔收藏能有如此规模的展品表示意外，彼此交流了收藏心得，加深了友谊。也让我积累了宝贵的办展经验，对我今后走好铅笔收藏之路，开阔了眼界，提振了信心。主办方中国第一铅笔有限公司专门给我颁发了参展证书。

"中国第一铅笔史料与实物展"参展证明

办展期间，我应邀参加了有关中华铅笔的发展历史和产品定位、文化提炼方面的研讨会，与制笔行业的文创专家、企业高管等人士进行了交流探讨，使我了解了铅笔行业的前沿发展态势及挖掘、提炼企业文化内涵为产品开发服务的市场需求，也清醒地认识到，作为一名铅笔收藏者，自己在铅笔行业发展过程中可以有所作为，这也是我追求的一个目标。

与收藏界藏友合影（从右开始李炜、黄振炳、徐恒皋、黄毅、左旭初、作者）

铅笔收藏中的几点遗憾

在中国铅笔诞生的 20 世纪 30 年代，1935 年 10 月开业的中国铅笔厂股份有限公司，1937 年 6 月开业的长城铅笔厂股份有限公司和 1940 年 3 月开业的上海铅笔厂股份有限公司，并称中国国货铅笔行业的"三驾马车"，都是以股份制形式成立的行业生产厂家。鉴于当时的社会特点，成立股份公司募集资金，应该会由公司签发用以证明股东所持股份的股票实物，表明其持有者对公司的资本拥有所有权。按理说，认购资金凭证的股票实物应该会留存于世。

但我寻觅了二十余年，到目前为止，仅发现上海铅笔厂股份有限公司在 1947 年 11 月增资扩股时的股票实物原件（股票编号 130，本人收藏），印有双龙图案，形制精美。至今为止，尚未发现中国铅笔厂股份有限公司、长城铅笔厂股份有限公司的股票实物或相关信息，十分期待通过此书的发行，能反馈到此类股票存世的有用信息，为中国铅笔的历史留下完整的遗存物证。

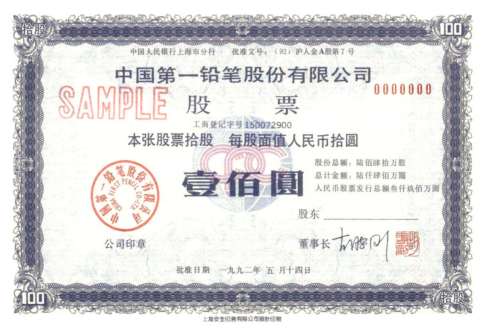

中国第一铅笔股份有限公司 A 股股票样票（壹佰元）

欣慰的是，1992 年 5 月，国内铅笔行业唯一的上市公司 —— 中国第一铅笔股份有限公司发行的 A、B 股股票实物，笔者已有收藏。

　　另外，据记载，在 20 世纪 30 年代后期，中国铅笔厂的主要投资人吴羹梅曾经请当时的民国时期名人、上海市教育局局长潘公展题写"中国人用中国铅笔"，并印在生产的铅笔上，这种铅笔很能反映当时"抵制洋货，提倡国货"的时代背景，作为极具纪念意义的宣传国货的重要载体，至今未找到铅笔实物，这也是一大遗憾。

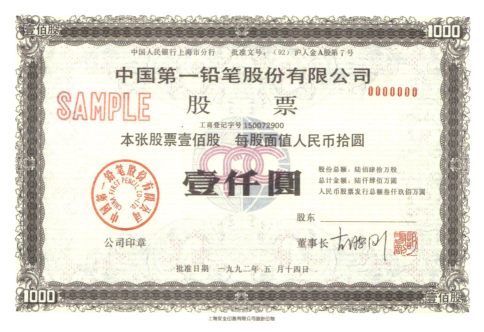

中国第一铅笔股份有限公司 A 股股票样票（壹仟元）

中国第一铅笔股份有限公司 B 股股票样票（壹佰元）

中国第一铅笔股份有限公司 B 股股票样票（壹仟元）

其他

国际若干知名铅笔品牌介绍

本书篇幅有限，仅介绍国际铅笔行业存续时间较长，且知名度较高的几款传统著名铅笔品牌。

施德楼 STAEDTLER

施德楼标识

1662 年，第一个从事铅笔制作的工匠弗里德里希·施德楼（Friedrich Staedtler) 在德国纽伦堡市成立手工铅笔作坊，后来分别由家族的约翰·阿道夫（John Adolf）、约翰·威廉（John Wilhelm）以及迈克尔（Michael）接手经营。1835 年，约翰·塞巴斯蒂安·施德楼（John Sebastian Staedtler）把家族作坊变成 J.S. 施德楼铅笔公司（J.S.Staedtler）。同年 10 月得到纽伦堡市议会许可，建立业界第一座铅笔制造工厂，生产石墨铅笔、红色粉笔和赭红色蜡笔。1855 年，伍尔夫冈·施德楼 (Wolfgang Staedtler) 自立门户创立了伍尔夫冈·施德楼公司（Wolfgang

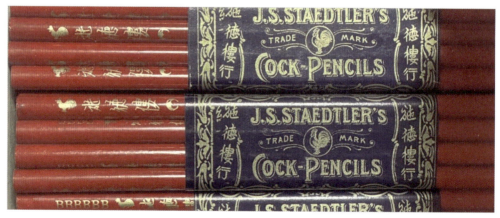

施德楼鸡牌铅笔

施德楼图标

Staedtler & Company），1880 年之后，转让给了柯罗伊泽（Kreutzer）家族。从此，"STAEDTLER"这个品牌的使用权完全归柯氏家族所掌控。

施德楼铅笔公司旗下著名品牌有施德楼 – 战神（STAEDTLER MARS）、施德楼 – 公鸡（COCK）、施德楼 – 大象（ELEFANT），被公认为欧洲最古老的文具品牌之一。

最初，施德楼工厂只是将一些没有意义的符号或标志，例如天平、动物等印在铅笔上，以标示不同的铅笔等级，并借此与其他的厂商区分。也正是通过这些独特的商标，由此建立了品牌声誉。

1840 年，施德楼已能制造出 63 种不同的铅笔，1887 年后经营范围扩大到 12 类硬度绘画铅笔、48 色彩色铅笔。1865 年成立了施德楼有限公司，1898 年公司搬迁到纽伦堡市约翰内斯区。1912 年，J.S. 施德楼其中的一个儿子接管了公司，1921 年在伦敦、1922 年在美国、1926 年在大阪分别设立子公司。1926 年月亮品牌（THE MOON）被成功引入远东市场。1988 年公司搬迁到纽伦堡北新的 Moosaeckerstrasse。

施德楼以铅芯颜色准确而著名，铅芯工艺堪称行业标杆。德国总部对各生产工厂进行严格的技术把控，得益于德国成熟发达的工业设备，其坚韧度、握持感、书写顺滑度和线条精细度等在铅笔制造领域首屈一指，是工程绘图、专业素描等需求首选。

施德楼目前的石墨铅笔主要分为 Mars 和 Noris 两大系列。

Mars 主打绘图铅笔，外观以经典蓝漆杆为标志，最著名的产品是 Mars lumograph 系列绘图铅笔，是施德楼铅笔的王牌，绘画者必备。根据铅芯配方不同分为 100、100A、100B、100C 四种产品。四者的区别具体表现为笔迹效果不同，100 的笔迹颜色最为标准，而且有金属光泽，即有反光；100A 的笔迹较浅，经过水溶后，更加浓黑，适合晕染细节；100B 的笔迹颜色与 100 相差无几，不过没有金属光泽；而 100C 的笔迹颜色最深且不反光，并且难以擦掉，适合专业美术用途。

施德楼图标

Noris 系列定位是书写铅笔，主要分为两种类型——普通书写铅笔和 WOPEX 环保铅笔。普通书写铅笔以 120 和 122 为代表，黄黑间隔条涂装，也被称为"蜜蜂笔"。顶端是包顶红帽设计。蜜蜂笔的握持感觉，第一个特点是漆面有些许的磨砂感，防止了手上有汗渍打滑，使用了更多现代喷漆工艺；第二个特点就是六角杆每个面都有一定弧度，握持感受更加饱满。

施德楼袖珍型铅笔

辉柏嘉 A.W.Faber

　　德国细工木匠卡斯特·辉柏（Kaspar Faber）于 1761 年 9 月，在德国巴伐利亚州斯坦恩小镇，开始以家庭手工作坊制造铅笔，是欧洲同时也是世界上最古老的铅笔企业之一，也是当今世界著名的书写工具制造商之一。260 多年来，被行内称作"铅笔贵族"的德国著名品牌 Faber–Castell，凭借其在铅笔生产领域的"专"和"精"，受到很多艺术设计者和普通书写者的喜爱，至今仍是行业毫无争议的"核心"产品。

　　1761 年，在纽伦堡附近的 Stein 小镇，一位名叫 Kaspar Faber 制造了自己的铅笔并贩卖，这就是 Faber Castell 的起点，比美国的历史还要早，也发生在法国大革命之前。

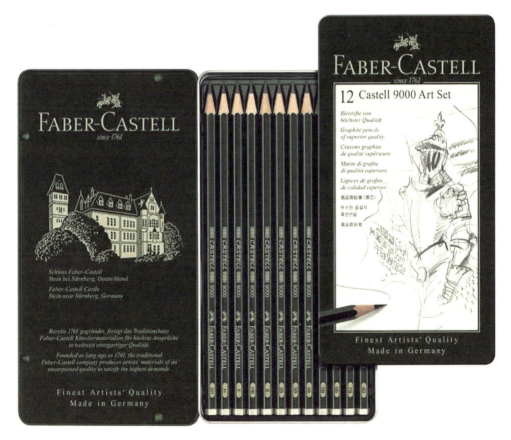

辉柏嘉 9000 素描铅笔

1784 年，卡斯特·辉柏（Kaspar Faber）的儿子安东·威尔海姆·辉柏（Anton Wilheim Faber）在斯坦恩小镇边空地盖起新工厂生产石墨铅笔，以自己的名字 A.W. Faber 注册公司名称。

到了 1890 年，辉柏的手工业作坊已发展成为拥有 2200 名职工的大型卡斯特·辉柏工厂。1900 年该厂除了制造石墨铅笔外，还能根据各种需求，制造在纸张、皮革、皮肤、金属、陶瓷、织物等各种物品上使用的各种特种铅笔和颜色铅笔，品种多达 60 余种。

1837 年，正式生产铅芯软硬程度不同的铅笔，由于品质过硬，种类繁多，在德国销售后大受欢迎。

1839 年，22 岁的第四代家族成员罗赛尔·辉柏（Lother Faber）接手公司运营，次年创造性地将 A.W.Faber 的商标印刻在了铅笔表面，成为全球第一个书写工具品牌。此后在纽约、伦敦、巴黎、维也纳、圣彼得堡等地设立分公司，一系列的运营使 A.W.Faber 成为一个国际性品牌。

1851 年，辉柏公司确立的铅笔长度、直径和铅芯硬度（6H-8B）等标准定义，已为全世界同业所接纳。罗赛尔·辉柏（Lother Faber）还创造性地将铅笔外型，从传统的圆杆形改良为六角杆，使其不易从桌面滚落。由于其在铅笔制造业的突出贡献，受封为辉柏男爵。

1878 年，罗赛尔·辉柏（Lother Faber）的弟弟约翰·艾伯哈德·辉柏（John Eberhard Faber）脱离家族企业，自立门户，开设另一家铅笔制造厂，并在伦敦、巴黎设厂。

1896 年，罗赛尔·辉柏（Lother Faber）的孙女欧蒂丽·辉柏（Ottlie Faber）成为家族企业继承人。1898 年，她嫁给了德国著名的卡斯泰家族的亚历山大·卡斯泰·路登豪森伯爵（Count Alexander zu Castell Rudenhausen），并把辉柏公司的名称改为辉柏嘉（Faber-Castell），所有的产品沿用此姓氏至今。旗下品牌有三堡垒（THREE CASTLE）等。

据有关记载，1978 年接掌家族企业的第八代掌门人安顿·沃尔夫冈·辉柏嘉伯爵（Count Anton-W. von Faber-Castel）有一个习惯，会从城堡 25 米高的塔楼上将铅笔扔到庭院的石质地面上，这是他用于验证自家铅笔铅芯不易断芯的一种方式。

辉柏嘉在铅笔领域钻研不止。1905 年，辉柏嘉设计生产了一款军绿色 Castell 9000 素描铅笔，是至今仍在售的百年经典型号产品，同时打造了新的商标图案：手持绿色铅笔当长矛的骑士。辉柏嘉 9000 有两款，一款是铁盒装德国产；另一款

辉柏嘉骑士标识

是印尼产，主要在漆面上有区别。印尼产的辉柏嘉9000杆身上印有 German Lead，说明是德国产铅芯。由于它接近宝石绿颜色，在这种颜色下笔迹显得更纤细。此外，还有一个明显特征，就是书写比较省铅芯。很大程度也是因为它接近宝石绿颜色，在这种颜色下笔迹显得更纤细。

1908 年，辉柏嘉推出了采用油性笔芯、具有较强耐光性的彩色铅笔；2001 年，辉柏嘉推出三角杆铅笔，在笔身抓握区设计了防滑水性涂料凸点，更加符合人体学，被美国《商业周刊》评为"年度产品"。

除了不断对石墨铅笔进行改良，辉柏嘉还在彩色铅笔领域进一步细化，开发出适合儿童绘画的红盒彩色铅笔，适合一般绘画爱好者的蓝盒彩色铅笔，适合专业人士的绿盒彩色铅笔，以及可用水晕染，具有水彩效果的水溶性彩色铅笔等。

随着世界各地对优质铅笔的需求日益增长，辉柏嘉目前已在全球设有 14 家制造厂和 23 家销售公司，年产约 22 亿支铅笔，是这个行业当之无愧的"隐形冠军"。而掌握最核心工艺技术的生产基地仍然保留在德国，目前由辉柏嘉第九代掌门人查尔斯·冯·辉柏嘉管理经营。

辉柏嘉集团目前在中国有一家生产兼销售的子公司成员 —— 辉柏嘉（广州）文具有限公司。主要生产橡皮擦、装配及重新包装胶液笔、滚球笔、自动铅笔和其他办公用品，包括辉柏嘉著名的儿童创意文具。

艺雅 LYRA

这是一个拥有 200 多年历史的德国著名铅笔品牌。1806 年，约翰·弗洛伊喜思（John Froescheis）在纽伦堡市西部的哥斯藤霍夫 (Gostenhof) 买下一家老铅笔作坊制造铅笔。1868 年，他的儿子格奥尔格·安德烈亚斯·弗洛伊喜思（Georg Andreas Froescheis）正式为艺雅（LYRA）的商标注册。据说，这是目前仍在使用的最古老铅笔商标。"艺雅"铅笔最初在中国受关注度不高，后来因为 LYRA 三角洞铅笔的推广，才开始被更多国人认识 LYRA，但它确实是全球范围内耳熟能详的铅笔大品牌。

作为书写用铅笔，艺雅有三个经典型号：Studium、Pro Natura 和 Temagraph。Studium 是艺雅黄杆铅笔，Pro Natura 是原木笔，两款可以说是定义非常相近的产品，笔身都是比较纤细又非常圆润的铅笔。Temagraph 则是定位稍高一点的铅笔产品，也是黄杆加红色的包头设计，被称之为"红帽"。需要指出的是，它虽然整体是通常的黄色，但相隔的每一个面，黄色的色调是不一样的，明黄色和黄绿色相间，所以说在黄杆铅笔中还是比较独特的存在。红帽的油漆质感很高，整体握持感比较圆润，也就是没有那么多棱角分明，且漆面拥有更好的摩擦力，手上有汗渍更不易打滑。书写颜色较深，削铅笔之后有明显的木香。

这三款产品目前在中国昆山迪克森自有工厂都有生产，都是使用德国配方铅芯，并且全部使用了更加环保的水性油漆。"迪克森"（又译"狄克逊"）本是美国的铅笔品牌，同样拥有 200 多年的辉煌历史，现在和 LYRA 一样，同为意大利 FILA 集团旗下企业。这里的 FILA 全称是 FABBRICA ITALIANA LAPIS ED AFFINI。

说起 LYRA，就不得不说 Groove 洞洞笔了。通常市场上的洞洞笔都是基于三角杆铅笔制作的，本身就细，挖上洞洞之后，就更加细了，握持感其实并不上佳。低龄儿童专用的铅笔往往都是粗杆（艺雅和施德楼都有低龄儿童专用的粗杆三角铅笔）。

艺雅标识

酷喜乐标识

酷喜乐 KOH-I-NOOR

由奥地利发明家约瑟夫·哈特穆特（Joseph Hardtmuth）于1790年在维也纳创立，早期主要生产石墨铅笔。1848年其总部和生产基地转移至捷克的杰维契（Budejovice）。1894年12月，在捷克注册"弓"字型"酷喜乐"（KOH-I-NOOR）商标，初期是作为一种辅助文字商标使用。它能生产7种硬度等级的科伊诺尔－1500（Koh-I-Noor 1500）石墨铅笔，该品牌至今仍在运营，延续了200余年的铅笔制造传统。2004年在我国南京设有 KOH-I-NOOR 文具生产基地。

"酷喜乐"铅笔以其高质量和独特的设计而受到欢迎。在铅笔制作的早期阶段，制造商为了掩盖木材的缺陷，会将铅笔杆涂上各种颜色的油漆，包括红色、紫色、褐色和黑色等。为了提升销量，后又决定将铅笔杆漆成明黄色，灵感来自中国古代皇帝的龙袍。明黄色杆铅笔一经推出，即被认为是豪华、高品质铅笔的代表，在市场上取得了显著的成功。

维纳斯 VENUS

维纳斯标识

维纳斯（VENUS）17种等级的素描铅笔，是美国铅笔公司（American Lead Pencil Company）在1905年推出的著名产品。这种铅笔是"美国制造绘图铅笔以来，分级最精确的黑铅芯"。从某种意义上说，美国"维纳斯"铅笔可以说是 20 世纪素描铅笔的代表产品。

"维纳斯"铅笔制作精良，木杆铅笔的笔面，是极为独特的墨绿色。在生产初期，由于油漆质量有瑕疵，干了以后，便会发生龟裂的现象。没想到公司主管十分喜爱这种效果，干脆把龟裂的墨绿色笔面当成"维纳斯"的商标注册内容之一。

民国时期的"维纳斯"木杆铅笔，从包装设计到配色都很精美，正面是铅笔的招贴画，背面为维纳斯的素描。盒子上金色部分现在看还有些金属的光泽。VENUS 代表性的品种有：六角杆绘图铅笔，纹理是绿色爆裂纹理；圆杆拷贝铅笔，黑色爆裂纹理（165、168）；圆杆颜色铅笔，红色爆裂纹理（200）。

维纳斯牌 165 拷贝铅笔

三菱 Uni

1878 年，日本人真崎仁六参加巴黎国际博览会，参观了展出的铅笔样品，此后又去法国学习了康德法制造铅笔后，于 1887 年在东京新宿建立了真崎铅笔制造所，开始制造铅笔，从此铅笔制造技术由欧洲传入日本。1925 年，真崎与大和铅笔制造所合并成立真崎大和铅笔株式会社，即现在的三菱铅笔株式会社的前身。

1946 年，三菱（Uni）推出美术素描铅笔 9800HB，它是深绿的颜色，包装风格非常复古，似乎在无声地诉说着自己悠久的历史，被称之为"绘图铅笔"。其最大的特点

三菱标识

蜻蜓标识

就是笔触的细腻和顺滑，可以说是完全不同的体验，美术生喜欢将它作为素描用笔。它的油漆很厚，色泽很润不滑手。还有一点，就是 9800 确实有人们所说的"木香"，尤其是削铅笔的时候，这种香味很是怡人，主要与笔杆所选用的木材相关。

蜻蜓 Tombow

日本明治维新（1912 年）之后，本土的各种铅笔制作社相继成立。其中蜻蜓和上述提到的三菱，成为日本铅笔界的双子星座。

1884 年成立的蜻蜓社，经过不断传承和发展，于 1913 年在东京成立蜻蜓铅笔公司，是一家生产铅笔类及其他文具的制造商。

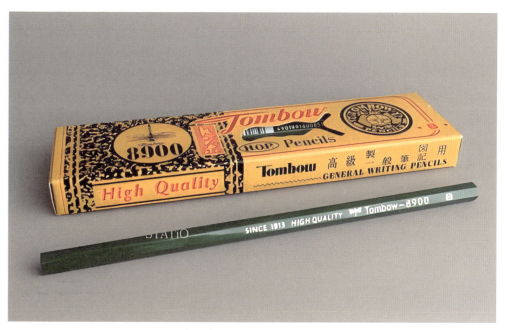

蜻蜓牌 8900 经典款木杆铅笔

蜻蜓在日本被称作"胜利之虫"，有"勇往直前，绝不回头"的积极意义。

1945年推出的8900经典款木杆铅笔，是蜻蜓（Tombow）品牌的代表作，型号8900以"珠峰"高度来命名，数字上和三菱9800正好倒了过来。最初产品定位是照相修整用铅笔。从外观上看，要比三菱质朴得多。它相对较浅的绿色，视觉感觉上比三菱980明亮一些，油漆面也比9800更单薄一些，握感不如三菱。其书写感受和三菱9800比较类似，分为2H、H、HB、2B、F五种硬度，如同为HB，颜色上比9800稍深，纸面附着力相当不错，即便更深的字迹，也不会明显降低附着力。8900木杆铅笔重量更轻一些，对低龄儿童来说，显然更受欢迎。此外，没有9800那种怡人的木香。

20世纪30年代，蜻蜓铅笔公司曾在中国东北的沈阳设立日资沈阳蜻蜓铅笔厂。

木制铅笔的制造工序

以石墨铅笔为例，用石墨、黏土作主要原料，以椴木、杨木为主要板材（最近又出现了竹筒经处理制成的板材），经铅笔板加工、铅芯加工、铅笔杆加工、外观装饰加工等主要工序，最终成型。制造铅笔一般由30多道工序组成，其中基本工序介绍如下：

1. 铅笔板加工

从原木加工成铅笔板，经过水热处理、切板机切割、加热干燥和变性处理，使板材软化易于加工。从原木开解、截断、开方、煮木、切板、染板、搭板、干燥、烤板、软化、规边等工序加工成铅笔板。

2. 铅芯加工

石墨与黏土按比例混合，经挤压、加热干燥和高温焙烧处理，使其具有一定硬度和机械强度。石墨铅芯：石墨粉碎、黏土淘洗、配料、调和、压滤、捏练、辊压、压实、压芯、切芯、烘芯、装罐、烧芯、油芯、脱蜡至成品铅芯。（颜色铅芯加工与石墨铅芯类似，但不需烧结，采用混合法或油浸法）

胶芯工序

3. 铅笔杆加工

将铅笔板刨削成厚度适应铅芯的槽板，与铅芯胶合后，经加热干燥和刨杆机加工成铅笔杆。铅笔板经刨槽、胶芯、束板、干燥、磨头、刨杆、磨光、选笔后成白杆铅笔。

4. 外观装饰加工

对白杆铅笔进行上漆、印花、上光、切光、打印、沾头（沾顶）、磨尖、橡皮头装配、包装等进行加工。

包装工序

石墨铅笔的硬度标识

铅笔硬度是用铅芯中石墨和黏土混合比例的不同来区分的。调整石墨和黏土的比例，可以生产出不同硬度的笔芯，经滑度、硬度、浓度、芯尖受力和挠曲强度五大物理指标的检验，来保证铅芯品质。黏土比例越高，硬度越高。这也直接催生了"HB"分类法的产生。

铅笔硬度标识源自英国，最先是用字母来标识笔芯硬度的。19世纪初，一位名叫布鲁克曼（Brookman）的伦敦铅笔制造商，他用"B"来表示软质铅笔（Black，黑），用"H"来表示硬质铅笔（Hard，硬）。"B"这个字母重复得越多，就代表笔芯越黑；相对的，"H"重复得越多，便代表笔芯越硬；还有"HB"这种介于"H"和"B"之间（有点黑又不太黑，有点硬又不太硬），表示软硬适中的铅笔；另外，有一种介于"HB"和"H"之间，归类为"F"的铅笔，代表的是"坚韧"（Firm）或是"细字"（Fine point）。

"H"类，表示硬度较高的铅笔，画出的线条颜色较浅，适合精细描绘、技术制图等需要清晰线条的场合；"HB"类，表示硬度适中的铅笔，适合书写和一般绘画；"B"类，表示硬度较低、颜色较深的铅笔，适用于绘画、素描、暗部渲染等，能够提供丰富的层次感和阴影效果。

按2023年5月1日开始实施的铅笔国家标准，我国的石墨铅笔分17种等级来表示铅芯硬度等级，由软至硬依次排列：6B、5B、4B、3B、2B、B、HB、F、H、2H、3H、4H、5H、6H、7H、8H、9H等。

有意思的是，美国的铅笔厂家除上述常用来标识铅笔等级外，还有"S"（Soft，软）标识。在19世纪末，美国狄克逊铅笔厂为艺术家和绘图员所生产的"美国石墨艺术家"铅笔，从"VVVS"（very，very，very soft，非常、非常软）、"MB"（medium black，中等黑），到"VVVH"（very，very，very，hard，非常、非常、非常硬），分为11个等级。

俄罗斯的铅笔厂家则采用"M"字母代表软质铅笔（即B），"T"字母代表硬质铅笔（即H），"TM"代表普通硬度的铅笔（即HB）。

由于各国的文字不同，且又是第一个字母的简写，为了在国际上能普遍通用，也曾用国际通用的阿拉伯数目字来表示笔芯的软硬浓淡。采用"No"的符号来标明硬度：No.1（1号）=2B-3B；No.2（2号）=F、HB-B；No.3（3号）=H-2H；

No.4（4号）=3H–4H。

从20世纪80年代后期开始，"2B"铅笔由于其浓度适中、遮盖力强、涂点足够黑、硬度也较适中的功能特点，能满足电脑扫描阅卷的要求，常被作为做考卷选择题时填涂笔而被广泛使用。

2011年，国家提出对考试用铅笔和涂卡专用笔用铅笔国标的形式予以规范。2023年5月1日，正式实施国标《考试用铅笔和涂卡专用笔》（GB//T26698—2022），规范管理，统一使用2B专用考试答题笔，确保所有考生答题卡处于相同标准之下，提高评卷准确性和公平性。

石墨铅笔硬度分级

木制铅笔型号的编排趣闻

型号是铅笔某一商标的某一规格代号，编排没有特别的规律，但从命名的型号背后也包含有一些特定的含义。

以特定有纪念意义的日期作为命名型号

比如 1940 年成立的上海铅笔厂（后改名为中国铅笔二厂），同年 3 月正式开工时，经授权允许使用中国标准铅笔厂的"鼎"牌、"飞机"牌注册商标，1940年 10 月向国民政府经济部商标局注册登记"三星"牌、"五星"牌商标后，从 1941 年开始生产的各种型号铅笔均使用"三星"牌作为商标。其最初生产的产品型号多以"三星"牌 3 字为首，有 300 普通铅笔、330 中等铅笔、333 高等铅笔、3240 绘图铅笔、3500 橡皮头铅笔、369 红蓝铅笔、345 拷贝铅笔、339 橡皮头铅笔等八种铅笔品种。

三星牌 324（3240）绘图铅笔

比如："三星"牌324高级绘图铅笔，是上海铅笔厂建厂时的开门产品，型号采用当时的厂址"徐家汇路324号"门牌号中数字来命名。

按研制成功的年月作为命名型号

早期成立的中国铅笔厂、长城铅笔厂、上海铅笔厂，这三大铅笔厂的铅笔产品型号的命名上，许多产品约定成俗以试制成功的时间或地点作为产品型号。

"中华"牌5410晒图铅笔，由当时中国铅笔公司二厂完成晒图铅笔的试制，为纪念在1954年10月成立公私合营中国铅笔公司而命名。

中国铅笔二厂推出的"三星"牌5627炭素铅笔，以试制成功的1956年2月份来命名。

中国铅笔二厂推出的"五星"牌5712大六角杆红蓝铅笔，也同样以试制成功的1957年12月份来命名。

又比如著名的"中华"牌6151铅笔，最初是由中国铅笔二厂于1961年5月在"中华"牌6051基础上创制成功，恰逢当年五一劳动节，命名为6151高级橡皮头铅笔。

中华牌5410晒图铅笔

参考文献

1.《上海制笔行业志》（简编），上海制笔实业总公司编，1997年。

2.《铅笔大王——吴羹梅自述》，许家骏、韩淑芳 整理，中国文史出版社，1989年出版。

3.《中国铅笔一厂志》，中国铅笔一厂厂志编审委员会编，1997年。

4.《铅笔制造工艺》，上海市制笔工业公司试验室编，轻工业出版社，1959年出版。

5.《铅笔——设计与环境的历史》，亨利·波卓斯基著，浙江大学出版社，2018年出版。

6.《上海轻工业志》，上海轻工业志编纂委员会编，上海社会科学院出版社，1996年出版。

7.《铅笔生产工艺》，铅笔生产工艺编写组，轻工业出版社，1980年出版。

8.《中国轻工业机构志》，中国轻工业联合会编。

9.《重庆市文史资料选辑》，四川省政协重庆市委文史委编，1979年。

10.《卢湾史话》（系列专辑），上海市政协卢湾区委文史与学习委员会编，上海古籍出版社，1979年出版。

11.《文史苑》系列，上海市政协虹口区委文史委编。

12.《普陀区志》，上海年普陀区志编纂委编，上海社会科学院出版社，1994年版。

13.《上海地方史资料》，上海市人民政府参事室文史委编，上海社会科学院出版社，1982年版。

14.《常州地方史科选编》（人物资料专辑），常州市地方志编纂委编，1982年。

铅笔世界：中国铅笔收藏与赏析

后记

笔者近一年努力写作的《铅笔世界 —— 中国铅笔收藏与赏析》一书稿即将付梓，心里有点窃喜又有点忐忑。就像孕育的婴儿快要出生，让我充满期待。

本书通过 7 万余字的文字叙述和约 260 帧配图，采用分专题叙述的方式，以寻觅收集到的中国铅笔史料与实物为线索，力图将中国铅笔从上世纪 30 年代开始起步，直至 70 年代中期的发展进程有一个多角度的回顾和呈现。同时用相当的篇章，介绍在中国铅笔发展进程中有代表性的铅笔厂家，早期行业发展中的重要人物，经典的铅笔品种赏析，铅笔背后所蕴含的文化历史印记和故事，铅笔小知识和收藏小故事等，让读者了解和感知中国铅笔发展的历史和魅力。

本书中所展示的与铅笔相关的史料与实物等，绝大部分是自己经多方寻觅收集整理的藏品。几十年来，我从二手交易品市场和网上收藏品交易平台，潜心寻觅各种与铅笔相关的信息资料，靠着日积月累，才有了今天的呈现。

人有所好，必为所累。仅有写作的决心，只是良好的开端，真正在写作过程中，还是遇到不少的困难。我曾几次想放弃这一写作计划，但想想之前的承诺不能食言，也不能辜负行业内的同仁和收藏界藏友的期待，最终咬牙坚持了下来。这本书也算是对自己三十余年来，在铅笔收藏与研究方面的阶段性回顾与呈现。

书名《铅笔世界 —— 中国铅笔收藏与赏析》中的"铅笔世界"四字，由已去世的上海市总工会原主席江荣先生在九十二岁高龄时所题写墨宝，在此由衷地深深缅怀江老。感谢上海市收藏协会创始会长吴少华先生，中国第一铅笔股份公司首任董事长胡书刚先生，两位在收藏界和制笔行业德高望重的前辈，在百忙之中专门抽出时间仔细审核我的书稿，并为本书作序，这是对我的肯定和鼓励。

在写作过程中，中国第一铅笔有限公司始终大力支持，提供宝贵的行业内的实物产品、原版照片、存档资料，并核对史料信息等；"铅笔大王"吴羹梅的曾孙吴佳先生也全程关注我的写作，给予勉励和必要的指导。

在写作过程中，还得到了许多好友的无私帮助与支持，收获了真挚的友情，令我动容。感谢铅笔行业的张立杨、王渭、黄维虎、桂炳春、张专其、徐鸣、雷南昌、叶嘉春以及收藏界的黄振炳、王剑、周荣明等师友同好，正是你们的支持和鼓励，让我在较短的时间内，得以完成这次写作。

铅笔作为一个小众的收藏品种，我的收藏之路走得颇为孤独，各地的同好藏友也仅仅二十余位。但愿此书的出版，能在铅笔收藏领域起到投石问路、抛砖引玉之作用，找寻与聚拢更多有共同爱好的铅笔藏友，合力把铅笔收藏与赏析水平推上一个新台阶，达到一个新高度。

在此也要感谢上海文化出版社审读室主任吴志刚老师提供专业的指导和耐心的帮助，为此书的顺利出版所付出的艰辛努力。

最后要特别感谢我的家人，是他们在背后一如既往的理解和支持，让我能顺利完成本书的写作。

笔者虽然立志著书，但由于学识所限且藏品范围广泛，认知一时难以穷尽，加之时间仓促，书中难免还存在不足，敬请读者指正。

周联明

2025 年 3 月 18 日于竹聿斋

图书在版编目（CIP）数据

铅笔世界：中国铅笔收藏与赏析 / 周跃明著.

上海：上海文化出版社, 2025. 5. -- ISBN 978-7-5535-

3215-8

Ⅰ. TS951.12-092

中国国家版本馆CIP数据核字第2025300WU4号

出 版 人 姜逸青

责任编辑 吴志刚

装帧设计 王　伟

封面题字 江　荣

书　　　名 **铅笔世界：中国铅笔收藏与赏析**

著　　　者 周跃明

出　　　版 上海世纪出版集团　上海文化出版社

地　　　址 上海市闵行区号景路159弄A座3楼　邮编：201101

发　　　行 上海文艺出版社发行中心　网址：www.ewen.co

　　　　　　上海市闵行区号景路159弄A座2楼206室　邮编：201101

印　　　刷 浙江经纬印业股份有限公司

开　　　本 710×1000　1/16

印　　　张 15.25

版　　　次 2025年5月第一版　2025年5月第一次印刷

书　　　号 ISBN 978-7-5535-3215-8/TS.101

定　　　价 128.00元

敬告读者 如发现本书有质量问题请与印刷厂质量科联系　电话：400—030—0576